Verhaltensorientiertes Innovationsmanagement

Burkard Wördenweber • Marco Eggert
Markus Schmitt

Verhaltensorientiertes Innovationsmanagement

Unternehmerisches Potenzial aktivieren

 Springer

Prof. Dr. Burkard Wördenweber
Phasix Gesellschaft für Innovation mbH
Esbecker Straße. 8
59557 Lippstadt
Deutschland
burkard.woerdenweber@phasix.de

Dr.-Ing. Marco Eggert
Phasix Gesellschaft für Innovation mbH
Esbecker Straße 8
59557 Lippstadt
Deutschland
marco.eggert@phasix.de

Prof. Dr. Markus Schmitt
Hochschule Landshut
Fakultät für Elektrotechnik
    und Wirtschaftsingenieurwesen
Am Lurzenhof 1
84036 Landshut
Deutschland
markus.schmitt@fh-landshut.de

ISBN 978-3-642-23254-1   e-ISBN 978-3-642-23255-8
DOI 10.1007/978-3-642-23255-8
Springer Heidelberg Dordrecht London New York

Die Deutsche Nationalbibliothek verzeichnet diese Publikation in der Deutschen Nationalbibliografie; detaillierte bibliografische Daten sind im Internet über http://dnb.d-nb.de abrufbar.

Einbandentwurf: WMXDesign GmbH, Heidelberg

Gedruckt auf säurefreiem Papier

Springer ist Teil der Fachverlagsgruppe Springer Science+Business Media (www.springer.com)

Vorwort

Was ist neu? Zunächst die schlechte Nachricht: „Innovation fängt bei mir selbst an". Für Innovation gibt es Werkzeuge und Methoden, deren Gebrauch ich jedoch erst erlernen muss. Dieses Buch gibt mir das Verständnis für die Prinzipien, auf denen Innovation fußt. Mit der grundlegenden Kenntnis der Prinzipien erschließen sich mir viele der Werkzeuge und Methoden. Darüber hinaus wird mir deutlich, warum in manchen Organisationen Innovationen funktionieren, in anderen wiederum nicht. Und jetzt die gute Nachricht: „Innovation fängt bei mir selbst an". Wenn ich die Prinzipien verstehe, dann kann ich Innovationen betreiben und sogar zur guten Gewohnheit machen.

Warum gibt es das Buch? Sie kennen sicher das Heureka, den Moment, an dem auf einmal etwas klar wird. Dass etwas recht Grundsätzliches im Innovationsmanagement fehlt, wird offensichtlich, wenn wir uns die Erfolgsraten von Innovationsprojekten ansehen. Wir haben viele Heureka zu Innovation und Veränderung gesammelt, bis wir selbst ein Heureka bekamen. Viele kleine und größere Kniffe und Tricks, die in der Praxis Innovationen erfolgreich machen, haben Eines gemeinsam: Sie berücksichtigen das Verhalten der involvierten Personen. Wir möchten unser Heureka mit Ihnen teilen.

Was hat der Leser davon, wenn er es liest? Wenn Sie dieses Buch aufschlagen und darin lesen, werden Sie wahrscheinlich vieles wieder erkennen, das Sie heute schon so machen. Was für Sie überraschend sein wird, sind die neuen Zusammenhänge, die sich erschließen, und die fundamentalen Prinzipien für Innovation, die sich daraus ergeben.

Sie erhalten so einen neuen Überblick, gespickt mit Fallbeispielen aus der Praxis, Tipps und Impulsen für das Management. Diese sind kritisch für Innovationen und schaden auch nicht bei generellen Führungsaufgaben. Mit ihnen lässt sich das in allen Menschen schlummernde unternehmerische Potenzial aktivieren.

Lippstadt, Landshut	Burkard Wördenweber
Im Juni 2011	Marco Eggert
	Markus Schmitt

Inhalt

1	**Einführung: Warum ist Innovation anders?**		1
	1.1	Vom Objekt- zum Verhaltensorientierten Innovationsmanagement	1
	1.2	Warum ist das Verhaltensorientierte Innovationsmanagement so wichtig?	2
	1.3	Wer kann Verhaltensorientiertes Innovationsmanagement anwenden?	4
	1.4	Wie ist das Buch aufgebaut?	5
	1.5	Der Inhalt im Überblick	7
		1.5.1 Kapitel 2: Die 5 Prinzipien für Innovation	7
		1.5.2 Kapitel 3: Taktisches Management – die vergessene Managementdisziplin	8
		1.5.3 Kapitel 4: Flow-Teams	9
		1.5.4 Kapitel 5: Starthilfen für das Verhaltensorientierte Management	10
	1.6	Lesetipps	10
2	**Die 5 Prinzipien für Innovation**		13
	2.1	Rhythmus	14
		2.1.1 Was ist ein Rhythmus?	14
		2.1.2 Bedeutung des Rhythmus in Organisationen	15
		2.1.3 Mit Rhythmus Routinen verändern	16
		2.1.4 Bedeutung des Rhythmus für Innovation	17
	2.2	Stellhebel	27
		2.2.1 Was sind Stellhebel?	27
		2.2.2 Wie findet man die Stellhebel?	27
		2.2.3 Bedeutung der Stellhebel für Innovation	30
	2.3	Innerer Kompass	35
		2.3.1 Was sind Indikatoren?	35
		2.3.2 Was sind Frühindikatoren?	36
		2.3.3 Was ist der Innere Kompass?	38
		2.3.4 Bedeutung des Inneren Kompass für Innovation	41
	2.4	Reframing	48
		2.4.1 Das Spielfeld der Motivation	49
		2.4.2 Fehlender Einfluss für Innovation	50
		2.4.3 Bedeutung von Reframing für Innovation	52

2.5   Impuls...   59
       2.5.1   Dominante Logik im erfolgreichen Unternehmen   60
       2.5.2   Mechanismen zum Herauslösen aus konformem Verhalten ..   61
       2.5.3   Impuls für Innovation   63
       2.5.4   Was Verantwortung mit konstruktiver Angst zu tun hat   65
       2.5.5   Natürliche und künstliche Impulse für Innovation   68

3   Taktisches Management – die vergessene Managementdisziplin   71
       3.1   Das taktische Management als Impulsgeber...................   71
              3.1.1   Die organisationale Bedürfnispyramide   71
              3.1.2   Der Raum zwischen strategischem und operativem
                       Management   73
              3.1.3   Ansatzpunkte für Impulse   76
       3.2   Mit Stellhebeln und Innerem Kompass zum maßgeschneiderten
              Portfolio   79
              3.2.1   Maßgeschneidertes Portfolio der Handlungsoptionen   79
              3.2.2   Fair Play im Management...........................   81
       3.3   Dynamik und Emergenz durch Reframing und Rhythmus.........   82
              3.3.1   Vernetzung einzelner taktischer Optionen zu
                       Navigationssträngen   83
              3.3.2   Entstehung einer emergenten Strategie..................   85

4   Flow-Teams...   89
       4.1   Motivationszustand „Flow" und seine Bedeutung für Innovation ...   89
       4.2   Wie in Teams Flow entsteht   90
       4.3   Work Cells für mehr Effizienz   93
       4.4   Innovation Cell für Ownership...........................   96
              4.4.1   Leistungsgrenze konventioneller Teams................   96
              4.4.2   Ownership durch Selbstorganisation   96
              4.4.3   Flow im Fließgleichgewicht   99
              4.4.4   Überraschende Eigenschaften einer Innovation Cell   102
              4.4.5   Taktisches Vorgehen bei radikalen Innovationen   103
              4.4.6   Der große Raum   104
              4.4.7   Ausblick: Das Fraktale Unternehmen.................   106

5   Starthilfen für das Verhaltensorientierte Innovationsmanagement ...   107
       5.1   Konkrete Maßnahmen, die Sie in jedem Fall selbst
              ergreifen können...   107
              5.1.1   VIM-Monitor   107
              5.1.2   Motivations-Portfolio   109
              5.1.3   Nemawashi   110
       5.2   Fallbeispiele zur Nachahmung   111

Literatur   113

Sachverzeichnis..   119

Einführung: Warum ist Innovation anders?

1.1 Vom Objekt- zum Verhaltensorientierten Innovationsmanagement

Wer innoviert?

Warum verhält er/sie sich dabei so?

Wie geht es ihm/ihr dabei?

Darf er/sie seine Leidenschaft für Innovation ausleben?

Diese Fragen werden im Innovationsmanagement noch zu wenig gestellt, geschweige denn beantwortet. Deshalb dieses Buch. Es will den Grundstein legen für ein „Verhaltensorientiertes Innovationsmanagement" in Organisationen.

Das Verhaltensorientierte Innovationsmanagement stellt den Menschen als Person und Subjekt der Innovationstätigkeit in das Zentrum der Betrachtungen. Damit ergänzt es das stark objektorientierte Innovationsmanagement (OIM), welches in Theorie und Praxis vorherrscht, und bei dem der Mensch vor allem auf seine Rolle als Arbeitskraft, Wissensträger und Ideenquelle reduziert wird (siehe Abb. 1.1).

Zunächst zwei Begriffsklärungen: Wenn wir von „Organisation" sprechen, dann meinen wir damit ein zielgerichtetes soziales System, in dem Menschen mit eigenen Wertvorstellungen, Zielen und Empfindungen tätig sind. Wir verwenden hier also den institutionellen Organisationsbegriff, wie er in der Organisationssoziologie und -psychologie verwendet wird. Er umfasst alle privaten und öffentlichen Institutionen wie Unternehmen, Behörden, Hochschulen, Vereine, Parteien etc.

Unter „Innovation" verstehen wir Produkte oder Verfahren, die in einer Organisation erstmalig eingeführt werden. Dabei lassen sich Produkt- und Prozessinnovation oft nicht voneinander trennen. Neue Produkte sind häufig unweigerlich mit der Einführung neuer Verfahren verknüpft oder auch mit weitreichenden organisatorischen Veränderungen. Auch und gerade solche Innovationen sind im Verhaltensorientierten Innovationsmanagement von Interesse, weil sie das Management vor besonders große Herausforderungen stellen und weil sie die Ursache für nachhaltigen Wettbewerbs- bzw. Effizienz- oder Effektivitätsvorteil sein können.

B. Wördenweber et al., *Verhaltensorientiertes Innovationsmanagement*, DOI 10.1007/978-3-642-23255-8_1, © Springer-Verlag Berlin Heidelberg 2012

Abb. 1.1 Abgrenzung von Verhaltens- und Objektorientiertem Innovationsmanagement

1.2 Warum ist das Verhaltensorientierte Innovationsmanagement so wichtig?

Der Bedarf nach Innovationserfolg in Organisationen ist – unabhängig von der jeweiligen gesamtwirtschaftlichen Situation – dauerhaft hoch und sehr wichtig. Dies belegen die seit Jahren erfassten Top-Management-Themen (z. B. in io new management, 1–2/2010).

Dennoch ist die Erfolgsquote recht gering, was gerade auch vom Top-Management in Unternehmen kritisiert wird (Beerens et al. 2005). Ganz pauschal gilt in etwa die „Drittelregel": 1/3 der Innovationen kommt zu spät auf den Markt, 1/3 ist technisch nicht erfolgreich, 1/3 erfüllt die Anforderungen. In manchen Branchen, etwa der Konsumgüterbranche, ist die Floprate deutlich höher.

Die geringe Erfolgsquote muss jedoch kein Naturgesetz sein. Dies zeigt das Beispiel des Qualitätsmanagements: Zu Beginn der 1980er Jahre hielten viele Verantwortliche ein gewisses Maß an fehlerhaften Produkten und Prozessen für unabänderlich. Abweichungen von der Norm wurden als zufallsbedingte Ereignisse interpretiert. Der Siegeszug moderner Qualitätsmanagement-Methoden wie Six Sigma, TQM, KVP etc. hat uns eines Besseren belehrt. Produktionssysteme, angelehnt an Toyotas Prinzipien, sind heute in der Stückgutfertigung üblich und haben die Fertigung auf ein ganz anderes Niveau mit einer um Größenordnungen geringeren Fehlerrate gehoben. Die Verbreitung des modernen Qualitätsmanagements hat über 20 Jahre gedauert und hält nun auch Einzug in andere Funktionsbereiche und Betriebstypen.

Entscheidend für den Quantensprung im Qualitätsmanagement war der Einbezug der Mitarbeiter an ihren Arbeitsplätzen. Aus Werkern, die lediglich repetitive Aufgaben abarbeiteten, wurden kritisch mitdenkende und handelnde Personen.

Wir sind überzeugt, dass auch das Innovationsmanagement vor einem Quantensprung steht, der von einem stärkeren Einbezug des Faktors Mensch in der innovierenden Organisation ausgeht.

Hierzu hat das Objektorientierte Innovationsmanagement eine gute Grundlage geschaffen. Abbildung 1.1 zeigt die drei Objektgruppen, die darin die zentrale Rolle spielen: Die Produktneuheit in ihren chronologischen Konkretisierungsstufen Idee, Konzept, Prototyp etc. bis hin zum Serienprodukt; der Innovationsprozess, häufig gegliedert nach dem Stage-Gate-Prinzip; die Managementebenen mit Unternehmen, Portfolio, Einzelprojekt und Ressourcen.

In diesem System des Objektorientierten Innovationsmanagements wird der Mensch als Ressource verstanden, die ihre Arbeitskraft, ihr Wissen und ihre Ideen in den Prozess einbringt.

Unbestritten hat sich das Objektorientierte Innovationsmanagement als leistungsfähig erwiesen. Seine Möglichkeiten sind aber auch begrenzt. Menschen bleiben darin die Objekte des Managements, für die und mit denen der typische Managementzyklus durchlaufen wird: Zielsetzung, Planung bis zur Entscheidung, Organisation und Durchführung, kontrollbasierte Steuerung. Aus der objektorientierten Behandlung der Menschen in der innovierenden Organisation entstehen zwangsläufig Defizite:

• unnötig starke Zentralisierung der Innovationsvorgänge
• reduzierte Flexibilität und Anpassungsfähigkeit
• geringe Motivation.

Diese Defizite gilt es zu beheben. Die Lösung dazu ist naheliegend: Den Menschen über seine Rolle als Arbeitskraft, Wissensträger und Ideenquelle hinaus wahrnehmen, nämlich als Person mit eigenen Interessen, individueller Wahrnehmung, Gefühlen und Verhalten.

Dieser Ansatz ist der Ausgangspunkt des VIM. Im vorliegenden Buch werden wir zeigen, wie daraus im Verbund mit dem OIM ein ganzheitliches Innovationsmanagement wird, und dass daraus wesentliche Vorteile für den Innovationserfolg in Organisationen resultieren:

• Flexibilität
• Berücksichtigung und Nutzung der organisationalen Identität und des aktuellen, auch emotionalen Zustandes
• Hebung bislang verborgener Motivations- und Leistungspotenziale
• spürbar gesteigerte Mitarbeiterzufriedenheit
• signifikante Erhöhung des Innovationsoutputs.

Insgesamt können wir damit Leidenschaft für Innovation wecken, Ownership erreichen und in der Organisation unternehmerisches Potenzial heben.

Die ersten Erfahrungen aus der Anwendung des VIM zeigen dessen enormes Potenzial:

- Leistungssteigerung bis auf das 8-fache
- Verkürzung der Entwicklungszeit um mehr als 50 %
- Verdopplung der Trefferquote bei Innovationen.

Fazit: Das Verhaltensorientierte Innovationsmanagement bewirkt einen deutlich gesteigerten Wirkungsgrad. Daraus resultieren ein größerer Innovationserfolg und Wettbewerbsvorteile. Diese Vorteile können sogar langfristig erhalten bleiben, weil VIM zu einem komplexen Geflecht von Kompetenzen entwickelbar ist – ähnlich wie führende Unternehmen, z. B. Toyota, jahrzehntelang von ihrem Vorsprung im Qualitätsmanagement profitiert haben.

Das vorliegende Buch wird Ihnen die 5 Prinzipien dazu vorstellen und zeigen, wie diese Prinzipien im Zusammenspiel das Innovationsmanagement auf ein neues Leistungsniveau anheben.

1.3 Wer kann Verhaltensorientiertes Innovationsmanagement anwenden?

Das Verhaltensorientierte Innovationsmanagement kann grundsätzlich jeder anwenden, der in einer Organisation Verantwortung trägt für die Innovationstätigkeit, sei es auf Unternehmens-, Portfolio- oder Einzelprojektebene. Der Anwender muss dabei nicht die Gesamtverantwortung haben, sondern VIM kann auch in Teilbereichen des Innovationsgeschehens angewendet werden.

Das Buch gibt zahlreiche Fallbeispiele, wie VIM auf den verschiedenen Managementebenen und in allen Phasen des Managementprozesses angewendet werden kann, d. h. in der Zielsetzung, Planung, Organisation und Steuerung. VIM kann in aufeinander aufbauenden Stufen praktiziert werden, indem zunächst nur einzelne der 5 Prinzipien eingesetzt und später dann die Prinzipien kombiniert werden. Gerade im Verbund mit den bewährten Instrumenten und Methoden des OIM kann das VIM zu einem ganzheitlichen Innovationsmanagement führen, das als virtuose Kombination von Wissenschaft, Handwerk und Kunst betrieben wird (vgl. Mintzberg 2007).

Verhaltensorientiertes Innovationsmanagement ist somit besonders interessant für:

- Unternehmer und Führungskräfte, die Innovation in ihren Organisationen zukünftig noch mehr vom beteiligten Menschen aus angehen wollen, und die wollen, dass Innovation in ihrer Organisation zu einer guten Gewohnheit wird und nicht jedes Mal zu einem enormen Kraftakt.
- Verantwortliche in einzelnen Funktionsbereichen (F&E, Marketing, Produktion etc.), die am Innovationsgeschehen beteiligt sind und spüren, dass die Organisation mehr leisten kann als im Rahmen des objektorientierten Innovationsmanagements abgerufen wird.
- Mitarbeiter, die sich eine stärkere Beteiligung am Innovationsgeschehen in ihrer Organisation wünschen.

- Verantwortliche aus dem Personalbereich, die das in der Belegschaft schlummernde Potenzial vermehrt nutzen und das Zugehörigkeitsgefühl der Belegschaft zur innovativen Organisationsentwicklung stärken wollen.
- Controller, die unzufrieden sind mit den bisherigen Möglichkeiten der Planung, Kontrolle und Steuerung von Innovationsprozessen.
- Innovationsmanager, die die Möglichkeiten im Rahmen des objektorientierten Innovationsmanagements für ihre Organisation schon weitgehend ausgeschöpft haben und ihr Innovationsmanagement weiter verbessern wollen.
- Lehrende und Studierende, die einen neuen Gestaltungsansatz für Innovation und Veränderung in Organisationen kennenlernen möchten.
- Forschende, die nach einem neuen Thema der Innovationsforschung an der Schnittstelle von Management, Organisation und Psychologie suchen.
- Querdenker.

Auch wenn hier ein verhaltensorientiertes Management in Bezug auf Innovation vorgestellt wird, so werden Sie feststellen, dass sich die 5 Prinzipien des Verhaltensorientierten Innovationsmanagements auch auf andere Aufgaben des Managements anwenden lassen, z. B. im Rahmen eines Change Management.

VIM ist deshalb auch hilfreich für Mitglieder einer Organisation, die eine generelle Managementverantwortung innehaben oder anstreben und dabei den Menschen mehr in den Mittelpunkt stellen möchten. Sie haben erkannt, dass in der heutigen Arbeitswelt der Mensch weniger als Produktionsfaktor agiert, sondern ein umfangreiches strategisches Erfolgspotenzial repräsentiert, das bislang in vielen Organisationen noch nicht abgerufen wird.

Achtung! Bei all seinen Vorteilen ist das Verhaltensorientierte Innovationsmanagement kein Selbstläufer. Die wichtigste und entscheidende Voraussetzung ist, dass die Anwender des Verhaltensorientierten Innovationsmanagements bei sich selbst anfangen:

- Bereitschaft, sich selbst als integralen Bestandteil der Innovation zu sehen.
- Bereitschaft, die Mitglieder der Organisation entscheidend am Innovationsgeschehen mitwirken zu lassen.
- Bereitschaft, das menschliche Verhalten bei Individuen und Gruppen wahrzunehmen, sowie die Kenntnis der Ursachen und Beweggründe für dieses Verhalten.
- Bereitschaft, die Organisation und ihre Mitglieder zunächst einmal so anzunehmen, wie sie sind.

Das abschließende Kap. 5 gibt weitere wichtige Hinweise zur Einführung des Verhaltensorientierten Innovationsmanagements in einer Organisation.

1.4 Wie ist das Buch aufgebaut?

Der Haupttext mit seinen vier weiteren Kapiteln stellt das Konzept des Verhaltensorientierten Innovationsmanagements vor und gibt Hinweise für die Einführung des VIM in der Praxis. In den Haupttext sind zahlreiche Beispiele integriert, um das unmittelbare Verständnis zu fördern.

Prinzipien	Managementebene	Managementphasen				Schwierigkeit
⊕⊘⊘⊕⊘	Portfolio	Ziel	Plan	Org.	Strg.	Leicht

Abb. 1.2 Kategorisierung der Fallbeispiele

Wie Sie sehen, umfasst das Buch weniger als 400, und auch weniger als 200 Seiten. Der im Vergleich zu anderen Managementbüchern kompakte Umfang wurde bewusst so gewählt. Es war unsere Absicht, die 5 Prinzipien, ihre wichtigsten Zusammenhänge und zwei ausgewählte, komplexe Anwendungsgebiete darzustellen.

Fallbeispiele sind an den jeweils passenden Stellen in den Haupttext eingefügt und im Layout abgesetzt. Sie zeigen reale Anwendungsfälle für das VIM aus der Innovationspraxis. Sie verdeutlichen die Wirkung und das Zusammenspiel der 5 Prinzipien des VIM und sind immer nach dem gleichen Schema aufgebaut: Nach einem Zitat wird die bestehende Herausforderung beschrieben. Der Lösungsansatz zeigt die Anwendung der 5 Prinzipien zum Meistern der Herausforderung. Das Ergebnis verdeutlicht, was am Ende dabei entstanden ist. Die Erklärung vertieft den Zusammenhang zwischen dem Ergebnis und der Anwendung der Prinzipien.

Am Ende eines jeden Fallbeispiels findet der Leser einen Kasten, in dem wesentliche Informationen übersichtlich zusammengefasst sind, siehe Abb. 1.2.

Prinzipien: Hier werden die Symbole für diejenigen Prinzipien angezeigt, die im Fallbeispiel verwendet wurden. Von links nach rechts sind das:
- Rhythmus
- Stellhebel
- Innerer Kompass
- Reframing
- Impuls

Managementebene: Die im Fallbeispiel vorherrschende Managementebene. Wir unterscheiden zwischen:
- Unternehmen: Hier wird Einfluss genommen auf die gesamte Innovationstätigkeit, unabhängig von einzelnen Innovationsvorhaben oder ggfs. Geschäftsbereichen.
- Portfolio: Hier geht es um Interdependenzen der Innovationsprojekte, z. B. um deren Konkurrenz bei der Allokation knapper Ressourcen.
- Einzelprojekt: Hier konzentriert sich das Management auf einen Innovationsprozess zur Realisierung einer bestimmten Produkt- oder Prozessneuheit.
- Ressourcen: Hier werden die Einsatzmittel und Potenziale behandelt, die zur Innovationstätigkeit erforderlich sind, insbesondere Geld, technische Einrichtungen, geistiges Eigentum und Arbeitskräfte.

Managementphasen: Abschnitt im Managementprozess, der von dem Fallbeispiel vorrangig betroffen ist. Wir unterscheiden:

- Ziel: Die Zielsetzung legt fest, was erreicht werden soll.
- Plan: Die Planung bis hin zur Entscheidung umfasst die Identifikation und Be-
  wertung von Handlungsalternativen. Am Ende stehen die Auswahl einer Alter-
  native zur Realisierung und die Freigabe der erforderlichen Ressourcen.
- Org. (Organisation): Festlegung, wie die zur Realisierung einer ausgewählten
  Handlungsalternative benötigten Ressourcen zusammenwirken sollen.
- Strg. (Steuerung): Kontrolle und, bei Bedarf, steuernder Eingriff in die Zielset-
  zung, Planung und Entscheidung oder Organisation und Durchführung.

Schwierigkeit: Die Fallbeispiele sollen zur Nachahmung anregen. Die Schwierigkeit zeigt den Aufwand und den Grad der Herausforderung bei der Umsetzung an.
- Leicht: Geringe Schwierigkeit und geringer Aufwand. Ohne große Vorbereitung
  kurzfristig umsetzbar.
- Mittel: Erfordert signifikante Vorbereitung und Erfahrung bei der Umsetzung.
- Schwer: Erfordert sehr umfangreiche Vorbereitungen und große Erfahrung. Ansonsten besteht eine hohe Gefahr zu scheitern.

1.5 Der Inhalt im Überblick

1.5.1 Kapitel 2: Die 5 Prinzipien für Innovation

Das folgende Kapitel stellt die 5 Prinzipien des Verhaltensorientierten Innovationsmanagements zunächst einzeln vor.

Es beginnt mit dem Rhythmus, einem aus dem Alltag wohl bekannten Phänomen. Nach einer generellen Begriffsklärung und -einordnung zeigen wir, wie in Organisationen ein Rhythmus aufgebaut werden kann, mit dem Innovation zu einem
planbaren Ereignis bis hin zu einer Gewohnheit wird. Der Rhythmus stellt sozusagen die Infrastruktur der Innovationstätigkeit im Zeitablauf bereit.

Das zweite Prinzip des VIM sind die Stellhebel, mit denen eine Organisation besonders effektiv ihre Ziele verfolgen kann. Das Prinzip verbindet das Konzept der
kritischen Erfolgsfaktoren mit der Systemanalyse und bindet dabei die Mitglieder
der Organisation umfassend ein. Anhand der Stellhebel lassen sich Handlungsoptionen für die Innovationstätigkeit zielsicher priorisieren und entwickeln. Dies ist
ein erster Schritt, um das Schicksal der Organisation selbst in die Hand zu nehmen.

Der Innere Kompass als drittes Prinzip des VIM ist gewissermaßen das Pendant
zu den Stellhebeln. Als spezieller Frühindikator schafft er einen intrinsischen Mechanismus zur Orientierung und Fokussierung von Personen und Gruppen in einer
Organisation. Er zeigt mit möglichst kurzer Latenz- und Wahrnehmungszeit an, ob
der eingeschlagene Weg erfolgreich ist. Damit wird jedem eine frühzeitige, zuverlässige Steuerung des Innovationsgeschehens ermöglicht. Aus Betroffenen werden
Beteiligte.

Reframing, das vierte Prinzip des VIM, lehnt sich an das aus der Psychologie bekannte Verfahren zur Begegnung der erlernten Hilflosigkeit an. Die Umdeutung von Aufgaben in einem neuen Referenzrahmen wird hier auf innovierende Organisationen übertragen. Dabei wird deren aktueller, auch emotionaler Zustand im sog. „Spielfeld der Motivation" verortet; darauf aufbauend wird der jeweils nächste angemessene Entwicklungsschritt festgelegt. Es entsteht eine nach Einfluss und Perspektive abgesicherte Dynamik der Innovationstätigkeit, die außerdem noch Spielraum für neue Handlungsoptionen lässt.

Impuls, das fünfte Prinzip des VIM, dient dazu, im Innovationssystem immer wieder fokussierte Motivation zu erzeugen. Hierfür werden gezielt die Ängste, die jedes Organisationsmitglied als Potenzial in sich trägt, konstruktiv genutzt. Aufbauend auf den Erkenntnissen der Kognitiven Psychologie unterscheiden wir zwischen Existenzangst auf der einen Seite und Komfortangst auf der anderen Seite. Gerade der Wechsel zwischen beiden Zuständen ist bei anspruchsvollen Innovationen von Interesse.

1.5.2 Kapitel 3: Taktisches Management – die vergessene Managementdisziplin

Ausgestattet mit den 5 Prinzipien als „Handwerkszeug" des verhaltensorientierten Innovationsmanagements, kann nun das Innovationsmanagement unter Verwendung aller Prinzipien neu ausgestaltet werden. Wir konzentrieren uns dabei exemplarisch auf zwei Bereiche, die auch im OIM von zentraler Bedeutung sind. Kapitel 3 behandelt den ersten dieser zwei Bereiche, und zwar das spannende Zusammenspiel von operativem und strategischem Innovationsmanagement. Damit bewegen wir uns in einem weithin bekannten Themenbereich, der vor dem Hintergrund der Verhaltensorientierung neu betrachtet und interpretiert werden kann.

Um der Organisation in ihrem aktuellen Können und Wollen gerecht zu werden, fügt das Verhaltensorientierte Innovationsmanagement eine dritte Handlungsebene neben der operativen und strategischen ein, nämlich die der Taktik. Sie greift lösungsfokussiert die Spannungen auf, die zwischen den verschiedenen Bedürfnissen, konkurrierenden Initiativen/Aktivitäten und individuellen Zuständen der verantwortlichen Personen bestehen.

Dazu werden mehrere neue Instrumente vorgestellt: Am Anfang steht, in Analogie zur bekannten Bedürfnispyramide nach Maslow, die „organisationale Bedürfnispyramide". Deren Verknüpfung mit den Stellhebeln und Frühindikatoren, insbesondere dem Inneren Kompass, eröffnet eine fünfdimensionale Portfoliomethode zur Priorisierung von Innovationsvorschlägen.

Bei der Bewertung der Innovationsvorschläge werden ausschließlich die von der Organisation anerkannten kritischen Erfolgsfaktoren und deren Interdependenzen herangezogen. Deshalb entsteht ein organisationsspezifisches, maßgeschneidertes Portfolio der Handlungsoptionen.

Die „Schatzkarte" als eine daraus resultierende Portfoliodarstellung differenziert die Handlungsmöglichkeiten nach dem jeweiligen operativen Handlungsdruck. Damit erfasst die Portfoliomethode das gesamte Spektrum von noch marktfernen Grundlagenentwicklungen bis hin zu kundengetriebenen Produktanpassungen.

Das „Taktische Spielfeld", eine weitere Portfoliodarstellung, dient dem Reframing. Dieses zerlegt den Weg zum strategischen Ziel der Organisation in „Navigationsstränge", d. h. in einzelne Entwicklungsschritte, die mit großer Erfolgswahrscheinlichkeit bei den gegebenen Fähigkeiten und Wünschen der Organisation realisierbar sind, also im „Sweet Spot" der Organisation liegen und die erforderlichen Impulse setzen.

Dieser lösungsfokussierte und idealerweise rhythmisierte Ansatz deckt überraschende Synergien zwischen zuvor als unabhängig betrachteten Handlungsoptionen auf und lässt Entwicklungspfade im Innovationsportfolio schrittweise erkennen.

Taktische Einzelvorhaben und übergeordnete strategische Ziele bedingen so einander und stellen die Realisierbarkeit der Strategie in den Vordergrund. Letztere erweist sich als emergent innerhalb einer lernenden Organisation.

Die vermittelnde Rolle des Taktischen Managements bewirkt schließlich ein Fair Play in der Organisation in dem Sinne, dass keine überambitionierten Strategien und Projekte angegangen werden und dass über Frühindikatoren schon kurzfristig eine Erfolgskontrolle stattfindet.

1.5.3   Kapitel 4: Flow-Teams

Nachdem im Zusammenhang mit dem Taktischen Management auch die verhaltensorientierte Innovationsbewertung behandelt wurde, geht es nun um die Frage, wie ausgewählte Innovationsvorhaben zur Umsetzung und zum Abschluss kommen. Dazu beschreibt Kap. 4 die Flow-Teams als den Idealzustand, in dem sich die an einer Innovation beteiligten Personen und Gruppen befinden.

Flow-Teams arbeiten fokussiert, zielgerichtet und hocheffektiv. Sie haben Spaß bei ihrer Arbeit und bewegen sich mit großer Freiheit innerhalb eines gesetzten Rahmens. Der Arbeitsfluss ist gekennzeichnet durch die anhaltende Balance zwischen Herausforderung und Fähigkeiten des Teams. Er lässt sich bewusst durch Impulse erzeugen, die einem bestimmten, durch die Wirkzeit der Impulse begrenzten Rhythmus folgen.

Drei nach Risiko und Aufgabenumfang unterschiedene Formen von Flow-Teams werden im Einzelnen vorgestellt:

„Work Cells" sind aus der schlanken Fertigung (Lean Manufacturing) bekannt. Sie ermöglichen auch im Innovationsbereich hohe Effizienz und schlanke Entwicklung. Eingesetzt werden sie bei spezifischen Risiken entlang der Produkt- und/oder Prozessentwicklung. Ein Team arbeitet dediziert und kollokiert an der Verringerung solcher Risiken. Durch den rhythmischen Wechsel aus Gestaltung, Kritik von außen und Erholung erfährt es fortwährend Impulse, die mit den geeigneten Arbeitsmitteln als Stellhebel produktiv in Lösungen umgesetzt werden.

In „Innovation Cells" widmen sich Flow-Teams größeren Risiken der Entwicklung, um diese in kurzer Zeit zu reduzieren und kontrollierbar zu machen. Der Schlüssel dazu ist „Ownership". d. h. die Identifizierung mit dem Innovationsobjekt, die persönliche Hingabe und Einsatz. Ownership kann von Einzelnen oder von einer Gruppe nur freiwillig angenommen werden, ist jedoch Voraussetzung für den Erfolg einer Innovation Cell bei hohem Entwicklungsrisiko. Günstige Rahmenbedingungen dafür entstehen mittels Reframing, Rhythmus und Impulssetzung so, dass das Team ab einem „kritischen Punkt" beginnt, sich selbst zu organisieren.

Innovation Cells arbeiten dann im Fließgleichgewicht („steady-state equilibrium"), wagen sich auch an extreme Herausforderungen heran und wachsen als Gruppe wie auch individuell mit jeder neuen Aufgabe. Im fortgeschrittenen Stadium und unter bestimmten personellen Bedingungen zeigen Innovation Cells die Eigenschaften eines komplexen adaptiven Systems. Das Reframing wird dann von der Gruppe selbst übernommen, die anstehenden Entwicklungsaufgaben werden so abgegrenzt, dass sie weder Über- noch Unterforderung bedeuten. Die Ausführungen zu Innovation Cells schließen mit Hinweisen zu speziellen Entwicklungsmethoden wie z. B. dem „Backtracking".

Am Ende des Kapitels wird kurz das „Fraktale Unternehmen" als die umfassendste Form von Flow-Teams, die von den Autoren bisher begleitet wurde, vorgestellt. Als Fraktales Unternehmen können Flow-Teams eingesetzt werden, um ein internes Venture- oder Start-up-Unternehmen zu betreiben. Das entsprechend große Risiko wird dann effizient und mit begrenzter Verlustgefahr gezielt bearbeitet.

1.5.4 Kapitel 5: Starthilfen für das Verhaltensorientierte Management

Im letzten Kapitel liefert das Buch Tipps zum Einstieg in das VIM. Zunächst werden drei Maßnahmen vorgestellt, die Sie persönlich sofort umsetzen können. Sie knüpfen inhaltlich an die drei vorangegangenen Kapitel an.

Anschließend verdeutlicht ein Überblick über die zahlreichen Fallstudien, in welcher Reihenfolge Sie diese nachahmen können. Allein schon mit den vergleichsweise einfachen Methoden und Instrumenten lassen sich nahezu alle Managementebenen und Schritte im Managementprozess erreichen.

1.6 Lesetipps

Für das VIM als eine neue Disziplin müssen zentrale Begriffe wie z. B. „Flow-Team" und „Schatzkarte" erst noch etabliert werden. Die Leser müssen sich mit dem neuen Vokabular erst noch vertraut machen. Entsprechend umsichtig sollte das Buch gelesen werden.

Gerade solche Leser, die bisher vor allem im OIM zu Hause waren, werden das Buch besonders intensiv lesen oder sogar richtiggehend durcharbeiten müssen, um den Inhalt gänzlich zu verdauen. Zu neu sind die Argumentationslinien und Zusammenhänge des Verhaltensorientierten Innovationsmanagements, um sie sofort zu verinnerlichen.

Die Kapitel im Buch bauen aufeinander auf und können nicht isoliert betrachtet werden. Ein Springen ist nicht zu empfehlen. Eine gute Hilfe ist es, wenn Sie sich nach jedem Abschnitt fragen:

- Habe ich eine ähnliche Situation selbst schon miterlebt?
- Waren bei den von mir begleiteten Innovationsprozessen die 5 Prinzipien erfüllt? Wenn ja, welche und wie?

Es mag dann helfen, die im Buch beschriebenen Praxisfälle um eigene, ähnliche Erfahrungen zu ergänzen. Auch sollten Sie die Begriffe schriftlich festhalten, die Sie bei wiederholtem Lesen vertiefen wollen.

Als Autoren mit ausgesprochen starker Neigung zur Anwendung empfehlen wir Ihnen, schon während des Lesens Ideen für erste eigene Schritte mit dem VIM zu sammeln. Diese Gehversuche könnten zunächst den privaten Bereich zu Hause und im Alltag betreffen, später dann weitreichendere Anwendungen im betrieblichen Innovationsmanagement.

HINWEIS: Die im Buch genannten wissenschaftlichen Ansätze dienen als Anregungen zu Analogien, Hypothesen und Weiterentwicklungen für den speziellen Anwendungsbereich des Innovationsmanagements.

Die 5 Prinzipien für Innovation

Rhythmus:

Schaffen Sie die Grundlage, um Innovation und Veränderung zur guten Gewohnheit zu machen.

Stellhebel:

Identifizieren Sie Ihre persönlichen Erfolgsfaktoren und nehmen Sie aktiv Einfluss auf das Geschehen.

Innerer Kompass:

Erkennen Sie die Zeichen, die Ihnen sagen, dass Sie auf dem richtigen Weg sind.

Reframing:

Nehmen Sie neue Perspektiven ein, die das Ziel näher kommen lassen.

Impuls:

Schaffen Sie Motivation, die Herausforderung anzugehen, und werden Sie Teil der Aufgabe.

B. Wördenweber et al., *Verhaltensorientiertes Innovationsmanagement,*
DOI 10.1007/978-3-642-23255-8_2, © Springer-Verlag Berlin Heidelberg 2012

2.1 Rhythmus

Rhythmus ist das erste Prinzip des Verhaltensorientierten Innovationsmanagements. In fast jedem Unternehmen und jeder Organisation ist Rhythmus ein elementarer Bestandteil. Sie kennen und nutzen Rhythmen in Ihrem direkten Umfeld, selbst wenn Sie sich dessen manchmal gar nicht bewusst sind.

Rhythmus ist ein einfacher Einstieg in die neue Welt des Verhaltensorientierten Innovationsmanagements. Wenn Sie für sich einen Rhythmus für Innovation finden und diesen in Ihrem Unternehmen ausstrahlen, dann werden Sie schon bald bemerken, wie andere Mitarbeiter auf Ihren Rhythmus reagieren oder sich anschließen. Rhythmus ist ansteckend. Mit Rhythmus können Sie innovatives Verhalten wie auf einer Welle im Unternehmen verbreiten.

2.1.1 Was ist ein Rhythmus?

2.1.1.1 Rhythmen in der Natur

Wir alle kennen den Rhythmus der Natur. Unterschiedliche Zyklen bestimmen unser Leben. Der ständige Wechsel von Tag und Nacht schenkt uns Perioden des emsigen Tuns und der Erholung. Die Jahreszeiten bestimmen, wann es Zeit ist zum Säen oder Ernten. Beim genaueren Hinschauen gibt es eine Vielzahl von Zyklen mit planetarischem, organischem, physikalischem oder kulturellem Ursprung. Diese Zyklen geben unserem Leben einen natürlichen Rhythmus. Wir haben uns an diesen Rhythmus in der Regel gewöhnt.

2.1.1.2 Rhythmen in der Musik

Rhythmen sind uns auch bekannt aus der Musik. Das Metrum gibt der Zeit den gleichmäßigen Puls und damit eine fundamentale Struktur, die durch den Takt unterteilt wird. Der Takt gliedert einerseits das Metrum in Abschnitte und beinhaltet gleichzeitig eine Art „Spielregel" für die Gliederung. So werden beim 4/4-Takt z. B. der erste und der dritte Schlag betont. Es handelt sich um eine konventionelle Betonung. Das Abweichen von dieser konventionellen Betonung ergibt einen besonderen Akzent. Das Setzen von Akzenten und Betonungen führt zur Ausbildung rhythmischer Strukturen. Der Rhythmus gibt der Musik eine Trägerstruktur und ein Bedeutungsmuster, siehe Abb. 2.1.

Aus der Musik lernen wir, dass Rhythmus deutlich mehr ist als nur Takt. Beim zwanglosen Zusammenspiel von Musikern in einer Jamsession wird dies besonders deutlich. Die Gruppe setzt sich zuerst mit dem Takt die zeitliche Struktur. Sobald die Musiker ein gemeinsames Bedeutungsmuster finden, fängt für die Gruppe der „Groove" an. Wie mit einem gemeinsamen Tanzmuster finden die Musiker selbst bei längeren und individuellen Improvisationen immer wieder zueinander zurück. Die Musiker können sich frei bewegen und durch spielerische Abweichung vom sklavischen Metrum und durch Verschieben von Akzenten den eigentlichen metrischen Impuls bewusster erleben. Im Groove haben alle Musiker das Metrum und

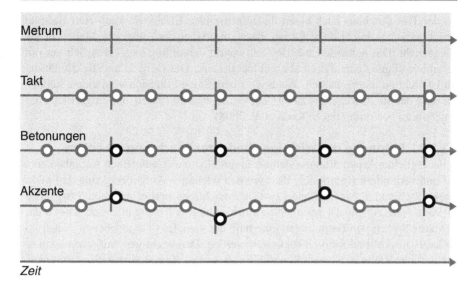

Abb. 2.1 Rhythmus

die Musik so verinnerlicht, dass das Maximum des Zusammenspiels erreicht und die Musik lebendig wird.

2.1.1.3 Rhythmen im Alltag

Im Alltag nutzen wir Rhythmen, um dem Tag Struktur und Bedeutung zu geben. Durch die Erfindung des 24-Stunden-Fernsehprogramms, der elektronischen Post oder des Kühlschranks, um nur einige Beispiele zu nennen, sind wir bei der Gestaltung unseres Rhythmus weniger an vorgegebene Schemen gebunden. In dieser Freiheit besteht natürlich auch die Gefahr, dass wir unserem Alltag keine Rhythmen geben. Ohne Rhythmus kann unser Alltag Struktur und Bedeutung verlieren; für wiederkehrende Aufgaben verlieren wir die Freude.

2.1.2 Bedeutung des Rhythmus in Organisationen

Für uns ist Rhythmus ein elementares Gestaltungselement, um in Organisationen Struktur, Bedeutung und Impulse zu vermitteln. Wir bedienen uns dazu seiner Elemente Takt, Betonungen und Akzente.

2.1.2.1 Einhalten eines Takts führt zur Vermeidung unnötigen Perfektionismus

Der Takt gibt eine feste zeitliche Struktur vor. Es entstehen zeitliche Räume, die von einander abgeschottet sind. Arbeiten können den Räumen zugeordnet werden. Die zeitliche Struktur hilft uns, einen Start und ein Ende genau zu fixieren. Dabei hat der Takt durchaus auch einen disziplinierenden Effekt. So kann zum Beispiel Perfektionismus leicht dazu führen, dass eine Arbeit sich über die Maßen in die Länge zieht. Das nahende Ende des Takts wirkt darauf hin, dass die Arbeit nur mit der notwendigen Genauigkeit abgeschlossen wird. Der Gewinn an Effektivität dabei ist nicht zu unterschätzen. Wenn wir übermäßige Präzision vermeiden, können wir nach der 80/20-Regel bis zu 80 % des Aufwands einsparen, ohne signifikant das Ergebnis zu beeinträchtigen (Koch et al. 2008).

2.1.2.2 Betonung des Wichtigen bedeutet Beachtung schenken

In der täglichen Arbeit drängen sich die unmittelbar zu erledigenden Aufgaben gern auf und verhindern womöglich, dass wir den wichtigen Aufgaben genug Aufmerksamkeit schenken. Eine Balance zwischen wichtigen und dringenden Tätigkeiten ist Voraussetzung für die nachhaltige Entwicklung jeder Organisation. Durch das bewusste Setzen von Betonungen innerhalb der vom Takt vorgegebenen Zeitstruktur kann die Aufmerksamkeit fokussiert werden. Den wichtigen Aufgaben kann so der zeitliche Raum bereitgestellt und die notwendige Beachtung geschenkt werden.

2.1.2.3 Akzente setzen heißt Zeit für Aufmerksamkeit

Mithilfe des Rhythmus können wir Aufmerksamkeit auf wichtige Dinge lenken, ohne dabei viel Zeit zu verlieren. Eine Sache wird als bedeutend gesehen, wenn sich ihr bedeutende Personen mit einer gewissen Regelmäßigkeit widmen.

Beispiel

Kürt das Top-Management eines Unternehmens jeden Monat persönlich den „Mitarbeiter des Monats", so wird die Auszeichnung dauerhaft besonders attraktiv. Dabei kommt es nicht darauf an, dass das Top-Management viel Zeit mit dem Mitarbeiter verbringt. Das persönliche Erscheinen, die anerkennenden Worte vor den Kollegen und der „Handshake" reichen schon aus.

Der Rhythmus bietet die Möglichkeit besondere Akzente zu setzen.

2.1.3 Mit Rhythmus Routinen verändern

Eine trainierte Handlungsabfolge ist eine Routine. Wenn wir nur lange genug das Autofahren geübt haben, so wird es irgendwann einmal zur Gewohnheit. Routinen sind im Kern unseres Gehirns, dem limbischen System, verankert. Dort bleiben sie unser Leben lang gespeichert. Auf Routinestrecken steht dem Autofahrer das limbische System wie ein Autopilot zur Verfügung. Die frei gewordene Hirnkapazität der Großhirnrinde kann so effektiver genutzt werden.

Routinen helfen uns sicher durch den Alltag, erlauben uns Auto zu fahren oder gar Konzerne zu lenken. Routinen können jedoch auch Störfaktoren sein. Sie können verhindern, dass wir umdrehen, wenn wir in die falsche Richtung steuern. Was nicht in das gewohnte Raster passt, das blenden wir aus (Canosa 2009; Keil et al. 2007).

Beispiel

Jeder, der gewohnt ist im Rechtsverkehr zu fahren, wird mit dem Linksverkehr seine Probleme haben und es wahrscheinlich sogar meiden, die Mühsal des neuen Lernens auf sich zu nehmen.

Rhythmen helfen uns Routinen zu trainieren und neue Gewohnheiten zu schaffen. Selbst wenn es ausgeschlossen ist, alte Routinen zu löschen, so ist es möglich mithilfe der Rhythmen alternative Handlungsabfolgen zu etablieren. Wir können in unserer Organisation Rhythmen so gestalten, dass sie, wie attraktive Musik, eine Anziehungskraft auf uns ausüben. So kann Innovation Spaß machen.

2.1.4 Bedeutung des Rhythmus für Innovation

Die Mehrzahl aller Innovationsprojekte scheitert oder wird nur unvollständig umgesetzt (Hauschildt et al. 2007). Unpassende Routinen und Gewohnheiten sind vielfach die Ursache. Unternehmen mit erfolgreicher Vergangenheit sind hierfür anfällig, weil ihnen die Umstellung auf neue Verhaltensmuster schwer fällt (Hamel und Prahalad 1994; Jenner 2002; Christensen 2003). Neben Werkzeugen und Methoden sind Routinen ein zentrales Element für innovatives Verhalten. Auch Unternehmen, die mit Innovationen und Veränderungen noch unerfahren sind, haben dieses Problem, weil sie sich noch zu wenig unterstützende Gewohnheiten aneignen konnten.

Rhythmus kann uns helfen, Innovation zum planbaren Ereignis oder gar zur guten Gewohnheit werden zu lassen. Im Folgenden wird dieser Prozess detailliert beschrieben. Als erstes hilft uns der Rhythmus, die angemessene Aufmerksamkeit auf Innovation zu richten, und dadurch den Freiraum für Innovation zu schaffen. In Ihrer Organisation sind dafür wahrscheinlich schon die Grundbausteine vorhanden. Diese Grundbausteine werden um die für Innovation wichtigen Elemente erweitert. Im letzten Schritt kann dann mithilfe von Rhythmen eine neue Infrastruktur für Innovation aufgebaut werden.

2.1.4.1 Aufmerksamkeit für Innovation

Innovation erfordert eine gehörige Portion an Aufmerksamkeit. Wenn wir mit den dringenden Belangen des operativen Geschäfts in Beschlag genommen sind, dann fällt es uns schwer Aufmerksamkeit oder gar Zeit für die wichtigen Dinge zu finden. Sollte der Zustand zu lange andauern, dann kann es passieren, dass uns schon die Umstellung auf die Arbeit an den wichtigen Dingen zu viel Energie abverlangt. Ein Beispiel dafür sind die in vielen Unternehmen fehlenden operativen Zielvorgaben für Innovationen. Wir beginnen unwillkürlich, anstehende Veränderungen beiseite zu drängen. So zeigen z. B. Forschungsergebnisse, dass unser Kopf eine Kosten-

Nutzen-Bilanz aufstellt, bei der Neues automatisch schlecht abschneidet (Niederstadt 2009).

Um das absichtliche Ausblenden von Innovation zu vermeiden, lohnt es sich, frühzeitig Routinen zu etablieren, die uns regelmäßig mit wichtigen Dingen konfrontieren. Rhythmen können uns helfen, Aufmerksamkeit auf Innovation zu richten und die Umstellung von dringenden Dingen des Tages auf die wichtigen zur Gewohnheit werden zu lassen. Einmal Gewohnheit geworden, belasten uns die Umstellungen weniger. Im Gegenteil, wir empfinden es gar als entspannend, zwischen den recht unterschiedlichen Arbeitsformen zu wechseln (Wördenweber und Weissflog 2005).

Getaktete Entwicklung
Zitat:

> Der Kunde weiß genau: Wenn das Projekt heute in der Entwicklung begonnen wird, dann ist es sechs Werktage später in der Fertigung. Leiter Vertrieb

Herausforderung: Viele kundenspezifische Produktvarianten eines Standardproduktes sorgten dafür, dass – trotz Chefs, Projektmanagern und Workflow-System – immer wieder vergessen wurde, die einmal begonnenen Entwicklungsprojekte abzuschließen. Bemerkt wurde dies häufig erst, wenn der wartende Kunde ungeduldig wurde und nachfragte. Dabei handelte es sich bei den Projekten meist nur um die Entwicklung einfacher Varianten von bestehenden Produkten.

Die Komplexität in der Projektsteuerung war selbst erzeugt. Man hatte nicht beachtet, die Anzahl der laufenden Entwicklungsprojekte auf den Engpass der Entwicklung auszulegen. Es war zur Gewohnheit geworden, so viele Projekte wie möglich zu starten. Die begonnenen Projekte kamen dann in eine Art Warteschleife, in der das eine oder andere Projekt auch schon mal vergessen wurde. Da alle Entwickler beschäftigt waren, war der Engpass in der Entwicklungspipeline nicht offen sichtbar.

Lösungsansatz: Der Entwicklungsprozess wurde in sechs sequenzielle Schritte aufgeteilt. Der Schritt, für den die längste Zeit benötigt wurde, gab den Takt für alle Schritte vor. Ein Entwicklungsprojekt bewegte sich vom Schritt 1 bis zum Schritt 6 im vorgegebenen Takt voran. Auf jeden Takt konnte entweder ein Entwicklungsprojekt abgeschlossen oder ein neues Projekt begonnen werden.

Ergebnis: Mit der getakteten Entwicklung war sichergestellt, dass jedes Projekt innerhalb von sechs Takten abgeschlossen war. Die Entwicklungspipeline enthielt nur noch sechs Projekte. Engpässe innerhalb des Entwicklungsprozesses waren sofort für alle sichtbar. Aufgrund der Optimierung wurde die Taktzeit der Entwicklungspipeline kontinuierlich reduziert.

Erklärung: Durch die Einführung des Takts wurden bestehende Ungleichgewichte im Prozess sichtbar. Während die einen Mitarbeiter noch fleißig am Arbeiten waren, waren andere schon fertig und warteten. Ohne Takt würden die, die schon fertig sind, sofort die nächste Arbeit anfangen – und damit den bestehenden Engpass noch verschärfen. Jetzt waren sie jedoch gezwungen sich Gedanken über den bestehenden Engpass und dessen Beseitigung zu machen. Anstatt zu warten, begannen sie die Arbeitsinhalte neu zu gestalten. Daraus entstand eine gleichmäßigere Auslastung und der Prozess wurde anpassungsfähiger gegenüber schwankenden Arbeitslasten.

Prinzipien	Managementebene			Managementphasen		Schwierigkeit
🔘	**Portfolio**			**Org.**	**Strg.**	**schwer**

2.1.4.2 Grundtakte im Unternehmen

Es gibt reichlich Möglichkeiten, effektive Rhythmen für Innovation aufzubauen. In vielen Organisationen gibt es Grundtakte im Jahres-, Monats-, Wochen-, Tages- oder Stundenzyklus, auf die man gut aufbauen kann. Es lohnt sich die typischen Grundtakte einmal genauer anzusehen. Im Folgenden sind Grundtakte und einige darauf aufbauende Rhythmen, die Innovation unterstützen, beschrieben.

Jahreszyklus

Im Unternehmen sind wir es gewohnt, dass bestimmte Ereignisse, wie z. B. Messen oder der bilanzielle Jahresabschluss, fest im Jahreskalender verankert sind. Wenn Ihr Unternehmen nicht nur auf von außen vorgegebene Ereignisse reagieren will, dann tut es gut daran, sich im eigenen Jahreskalender weitere Ereignisse zu fixieren. Für Innovation lohnt es sich einen Tag dem „Säen", d. h. der Anregung von Innovation, und einen Tag dem „Ernten", d. h. der Aufmerksamkeit für erfolgreich abgeschlossene Innovationen, zu widmen.

Innovation Board

Zitat:

> Der konzernweite Innovationsprozess bringt richtig Leben in unser Unternehmen. Wir geben uns selbst den Takt vor. Geschäftsführer

Herausforderung: Die Führung des weltweiten Technologiekonzerns mit 1.400 Mitarbeitern hatte ein klares Ziel vor Augen: Das Unternehmen sollte zu einer innovativen und sich ständig erneuernden Organisation werden. Den Top-Managern war aber auch klar, dass dies kein Selbstläufer sein würde.

Vielmehr wurde nach einem Konzept gesucht, das einen andauernden Innovationsprozess in Gang setzte und aufrechterhalten konnte.

Lösungsansatz: Das Innovationsziel wurde ganz bewusst nicht einfach in die bereits vorhandenen jährlichen Routinen (z. B. Mittelfristplanung) aufgenommen. Stattdessen wurde ein Ablauf etabliert, der mehrere Spannungsfelder aufbaute, und zwar auf Konzern- und auf Geschäftsbereichsebene:

1. Die Konzernleitung selbst hatte ein Innovation Board einberufen. Dieses bestand aus fünf externen Innovationsexperten (Technologie, Marketing, Trendforschung, Methoden, Coaching) aus Wissenschaft, Beratung und Praxis. Sie nahmen am Innovation Day teil, moderierten, berieten und halfen bei der Anbahnung von Innovationsinitiativen. Die Konzernleitung setzte sich somit transparent der Meinung und den Empfehlungen der externen Experten aus, die vollen Einblick in das Innovationsgeschehen auch auf Geschäftsbereichsebene hatten.
2. Zwei jährlich wiederkehrende Termine mit sechs Monaten Abstand: Am Inspiration Day tauschten sich ausgewählte Personen innerhalb der Geschäftsbereiche über Technologie- und Markttrends aus, entdeckten latente Kundenbedürfnisse oder setzten Innovationsprioritäten. Am Innovation Day stellten die Geschäftsbereiche ihr Innovationsportfolio vor, stimmten dieses mit dem Executive Committee und dem Innovation Board ab und legten Umsetzungspläne fest. Am ersten Tag wurde also „gesät", am zweiten Tag „geerntet".
3. Das Innovationsgeschehen innerhalb eines Geschäftsbereiches wurde verantwortet von einem Innovationsmanager (in Abstimmung mit dem Geschäftsbereichsleiter). Diese Rolle wurde jedoch nicht auf eine bestimmte Stelle delegiert, sondern jeweils für ein Jahr auf einen Manager übertragen. Jeder Geschäftsbereich erhielt dadurch jährlich neue, personenspezifische Impulse, lernte Jahr für Jahr dazu und verinnerlichte Innovation als intrinsische Aufgabe aller Funktionsbereiche.

Ergebnis: Die hohe Aufmerksamkeit, welche die Konzernführung und hochrangige Experten der Innovationsarbeit schenkten, erzeugte eine außerordentlich hohe Motivation in den operativen Einheiten. Auch die selbstkritische und offene Haltung des Top-Managements trugen zur undogmatischen Innovationsbereitschaft bei. Die Experten des Innovation Boards gaben Impulse von außen und bereicherten das Spektrum der Innovationsmöglichkeiten.

Sichtbar wurden die Innovationserfolge beim ebenfalls jährlichen Ehrentag für den Unternehmensgründer, an dem die Innovationsergebnisse einer breiteren Öffentlichkeit präsentiert wurden.

Die Einstellung innerhalb der Organisation änderte sich dahingehend, dass das Innovationsgeschehen nicht mehr nur als Unterpunkt der üblichen Planungsroutinen behandelt wurde.

Erklärung: Durch die Einführung des Rhythmus wurden Innovationsvorhaben in regelmäßigen Abständen bewertet und abgeschlossene Innovationsprojekte prominent anerkannt. Die Vorstellung der Ergebnisse vor externen Experten ermöglichte den Abgleich der eigenen Perspektive (Selbstbild) mit der externen Sicht (Fremdbild). Mit Hilfe der zuverlässig wiederkehrenden Termine erzeugte das Unternehmen einen selbstbestimmten Takt mit entsprechend fixem Datum für Projektabschlüsse. Projektverzögerungen konnte damit entgegengewirkt werden. Gerade Marktführer neigen sonst gerne dazu, Innovationsprojekte unnötig lange laufen zu lassen, da der entsprechende Marktdruck fehlt.

Prinzipien	Managementebene	Managementphasen			Schwierigkeit
(↻)	Unternehmen			Strg.	mittel

Ein Rhythmus im Jahreszyklus hilft Ihrem Unternehmen, die Balance zwischen wichtigen und dringenden Anliegen zu finden.

Monatszyklus

Als Unternehmer liefere ich den Behörden monatlich einen Status zur Umsatzsteuer. Als Manager im Unternehmen lege ich meinem Chef möglicherweise einmal im Monat einen Statusbericht vor. Wenn ich als Manager Innovation verhaltensorientiert vorantreiben möchte, dann helfen mir Rhythmen im Monatszyklus besonders gut weiter. Der regelmäßige Statusreport beispielsweise dokumentiert meine Fähigkeit zu managen und kann Vertrauen aufbauen. Der monatliche Statusreport dokumentiert auch den Fortschritt kontinuierlich laufender Veränderungsprozesse, der sonst möglicherweise gar nicht wahrgenommen würde. Die monatliche Transparenz zu wichtigen Einflussfaktoren für Innovation, wie z. B. Wettbewerbsstärke oder Technologiereife, baut das Verständnis für zunehmende Dringlichkeit auf und schafft vorbeugend den notwendigen Handlungsfreiraum.

Innovationskalender
Zitat:

> Die Terminklarheit hat uns viel mehr Laufruhe und Sicherheit in den Unternehmensprozessen gebracht. Produktmanager

Herausforderung: Das mittelständische Unternehmen nahm schon seit langer Zeit an einigen bedeutenden Branchenmessen teil. Trotzdem traf der Termin die Organisation immer wieder unvorbereitet.

Typischerweise fragte der Vertrieb kurz vor der Messe bei der Entwicklung an, was man präsentieren könnte. Als Konsequenz wurde dann drei Monate vorher schnell ein bestehendes Produkt aktualisiert oder überstürzt angekündigt, um der Fachwelt eine Produktneuheit präsentieren zu können. Das hatte regelmäßig zur Folge, dass die Entwicklung mit hohem Ressourceneinsatz ein neues Produkt entwickelte, das bis zum Messetermin nicht voll funktionsfähig war und Makel aufwies. Dabei wurden die Erwartungen des Vertriebs regelmäßig enttäuscht und die Fertigung aus Zeitmangel nicht in die Produktentwicklung eingebunden.

Lösungsansatz: Es wurde mit den beteiligten Unternehmensbereichen (u. a. Vertrieb, Entwicklung, Marketing, Controlling) ein Kalender abgestimmt und eingeführt. In dem Kalender wurden etwa zehn Termine fixiert, die für alle Beteiligten relevant waren. Dazu gehörten z. B. ein Inspiration Day, ein Innovation Day, ein Portfolio-Day, ein Budget-Day, ein Price-Fixing-Day oder bedeutende Messetermine. Der entsprechende Kalender wurde nicht nur gut sichtbar aufgehängt, sondern auch durch das Vorstandssekretariat in die elektronischen Terminkalender der Mitarbeiter integriert.

Ergebnis: Die Unternehmensbereiche konnten gezielt auf Schlüsselereignisse hinarbeiten. Zusätzlich bestand nicht mehr die Gefahr, wichtige Termine zu vergessen. Bereichsinterne Abläufe konnten mit dem Kalender synchronisiert werden. Der rote Faden, der den Fachabteilungen durch den Kalender gegeben war, half, Aufgaben besser zu planen und sich nicht durch unvorbereitete Ereignisse aus dem Takt bringen zu lassen. Das Unternehmen agierte stärker nach seinem selbstgegebenen Takt und nicht mehr nach externen Ereignissen.

Erklärung: Durch die Einführung des Rhythmus anhand des Innovationskalenders wurden wichtige Termine vorab zeitlich fixiert und in der Organisation bewusst gemacht. Dies stellte sicher, dass das Unternehmen auf Schlüsselereignisse hinarbeitete (proaktiv) und nicht lediglich auf Einflüsse von außen reagierte (reaktiv). Ähnlich wie bei einem Projekt war es nun möglich, auch auf Unternehmensebene einen Unternehmensprozess mit einem für alle Beteiligten greifbaren Start und Ende zu definieren. Dies erzeugte eine erhöhte Aufmerksamkeit der Organisation für den unternehmerischen Entwicklungsprozess und führte zu einer regelmäßigen Synchronisation der Unternehmensbereiche.

Prinzipien	Managementebene			Managementphasen		Schwierigkeit
(ᴖᴗᴖ)	**Unternehmen**			**Org.**	**Strg.**	**mittel**

Wochenzyklus

Als Manager treffe ich mich wahrscheinlich einmal in der Woche mit meinen direkt unterstellten Mitarbeitern. Ich stelle ein- oder mehrmals in der Woche sicher, dass die Hauptprozesse, für die ich verantwortlich bin, auch ordentlich laufen. Ich schaue bei wichtigen Schnittstellen, wie z. B. Kunden-Lieferanten-Beziehungen, dass notwendige kurzfristige Anpassungen vorgenommen werden und langfristige Veränderungen Fortschritte zeigen. Wenn ich mich dann noch mit meinem Chef und den Kollegen treffe, ist der Kalender der Woche mit Regelterminen schon gut gefüllt.

Es sei hier angemerkt, dass der Wochenkalender des Managements ein „geheimes Organigramm" darstellt. Wenn wir in ein Unternehmen kommen, das wir noch nicht kennen, dann würde uns der Wochenkalender der Manager im Unternehmen mehr Einblick in die Führung des Unternehmens geben als jedes Organigramm. Die regelmäßigen wöchentlichen Termine eines Managers zeigen, für welche Prozesse oder Schnittstellen er sich verantwortlich fühlt. Der Vergleich der Kalender zeigt darüber hinaus, wer wen kontrolliert oder führt. Die Machtverhältnisse im Unternehmen werden deutlich.

Gerade was Innovation und Veränderung angeht, so stellt der Wochenzyklus häufig ein Bollwerk da. Die etablierten Paradigmen sind in Machtstrukturen, Routinen und Ritualen, Geschichten, Symbolen sowie Kontrollsystemen verankert und werden im Wochenzyklus immer wieder bestätigt (Johnson et al. 2008). Wie die scheinbar festgeschriebenen Sitzordnungen in Besprechungen, so ist der Wochenkalender ein Bereich, in dem ein geschickt angelegter „Frühlingsputz" die Bereitschaft zu Veränderung deutlich verbessern kann, wie das eingefügte Fallbeispiel zeigt.

Briefing

Zitat:

> Früher war ich froh, wenn ich um 17 Uhr endlich an meinen Schreibtisch konnte, um E-Mails zu beantworten. Heute habe ich wieder Zeit für meine Arbeit. Gruppenleiter in der Produktentwicklung

Herausforderung: Der Tag war mit Gesprächsterminen überfüllt. Zeit für die eigene Arbeit blieb bei den Managern der Entwicklung nur noch in den frühen Abendstunden. Durch die vollen Terminkalender der Manager konnten Abstimmungsgespräche kaum zeitnah anberaumt werden, sondern wurden zwangsweise in die Zukunft geschoben. Die fehlende Aktualität machte Abstimmungen aufwendig. Der Zeitverzug schadete den Projekten.

Lösungsansatz: Durch einen neuen täglichen Regeltermin von 8:00–8:15 Uhr war sichergestellt, dass alle Entscheidungsträger anwesend und zwischen 8:15 und 9:00 Uhr frei verfügbar waren. In den 45 min nach dem Regeltermin konnten aktuelle Informationen ausgetauscht und dringende Entscheidungen getroffen werden. Mitarbeiter und Manager gewöhnten sich schnell daran, dass die 45 min nach dem Regeltermin für den zeitnahen Informationsaustausch und für Abstimmungen hilfreich waren.

Ergebnis: Ausgetauschte Informationen waren aktuell. Abstimmungen wurden zeitnah getroffen. Projekte mussten nicht mehr auf Entscheidungen warten. Abstimmungsgespräche mussten nicht mehr terminiert werden, und die verstopften Kalender der Gruppenleiter und Manager wurden wieder frei.

Erklärung: Durch die Einführung des Rhythmus mit Hilfe des Briefings wurden ein Platz und ein Zeitraum definiert, wo wichtige Entscheidungsträger verfügbar waren. Mit der Zeit nach den Regelterminen schaffte man bewusst Freiraum, um andere Perspektiven und Sichtweisen einzunehmen (give chance a chance). Jedem Mitarbeiter war klar, wann und wo er eine Entscheidung abholen konnte. Die Regelmäßigkeit wiederum stellte sicher, dass wichtige Entscheidungen zeitnah von den Verantwortlichen getroffen wurden.

Prinzipien	Managementebene	Managementphasen		Schwierigkeit
(ıılıı)	Ressourcen	Plan	Strg.	leicht

Tageszyklus

Die in den letzten Jahrzehnten eingeführten Kommunikationstechnologien haben die Rahmenbedingungen für Rhythmen im Tageszyklus geöffnet. Wir warten heute nicht mehr auf den Postboten, sondern empfangen Nachrichten zu jeder Tages- und Nachtzeit. Freie Arbeitszeiten und das Büro zuhause machen es dem Einzelnen immer schwerer zu unterscheiden, wann Arbeit aufhört und Freizeit beginnt. Wenn wir uns im Tageszyklus selbst keinen Rhythmus geben, besteht die Gefahr, dass aus mündigen Mitarbeitern seelenlose Arbeitstiere werden.

Ein guter Rhythmus im Tageszyklus hilft uns, unsere Selbstbestimmung zu erhalten. Hierfür gibt es viele Beispiele, die insbesondere im Zusammenhang mit den anderen Prinzipien des Verhaltensorientierten Innovationsmanagements interessant sind und beschrieben werden. Daher möchten wir zunächst nur einige Fragen zur Illustration stellen. Wie oft am Tag meinen Sie auf E-Mails reagieren zu müssen? Wann schreiben Sie die für Sie wichtigen Nachrichten? Wann nehmen Sie sich Zeit zur Entspannung? Wann geben Sie jedem Ihrer Mitarbeiter die Möglichkeit, etwas für ihn Wichtiges Ihnen mitzuteilen?

Walk the Ship
Zitat:

> Mit dieser einfachen Methode bekam ich die Entwicklung spürbar besser in den Griff. Entwicklungsleiter

Herausforderung: Für viele Führungskräfte fand Kommunikation nur in Besprechungen oder in ihren Büros statt. Eine offene und ungeplante Kommunikation war dann nur schwer möglich. Der neue Entwicklungsleiter war unzufrieden mit dem Kommunikationsfluss und wollte engeren Bezug zu den Entwicklern aufbauen. Das tägliche Gespräch mit den direkten Mitarbeitern war für ihn unverzichtbar.

Lösungsansatz: Der Entwicklungsleiter machte zweimal täglich einen Rundgang durch die Abteilung. Auf dem Rundgang gab er jedem, der wollte, die Gelegenheit ein paar Worte mit ihm zu wechseln.

Die morgendliche Runde diente dazu, Fortschrittsberichte einzuholen, aktuelle Themen von den Mitarbeitern abzuholen und tagesaktuelle Aufgaben zu delegieren (Fokus auf Dringendes).

Die Runde am späten Nachmittag konnte für einen intensiveren Austausch genutzt werden (Fokus auf Wichtiges). Wesentlich für den Erfolg der Abendrunde war, dass im Anschluss keine weiteren festen Termine mehr anstanden.

Ergebnis: In kurzer Zeit entstand eine engere Bindung zwischen dem Entwicklungsleiter und seinen Mitarbeitern. Es stärkte das Gefühl der Wertschätzung, und Informationen flossen besser. Teilweise ergab es sich, dass Mitarbeiter abends auf das Erscheinen des Chefs warteten, um ihm noch spannende Entwicklungen zu zeigen oder andere wichtige Anliegen anzusprechen.

Erklärung: Kommunikation ist ein wesentliches Element, um Führung zu leben. Die Einführung des Rhythmus in Form des regelmäßigen Erscheinens des Entwicklungsleiters eröffnete die Gelegenheit zum Kontakt. Das direkte Gespräch mit den Mitarbeitern schaffte Vertrauen und Vertrautheit.

Prinzipien	Managementebene		Managementphasen		Schwierigkeit
(⟲)	**Ressourcen**			**Org.**		**leicht**

Stundenzyklus

Wenn die amerikanische Raumfahrtbehörde die Instruktionen für die Besatzung zusammenstellt, dann achtet sie darauf, dass sich Zeiten hoher Aufmerksamkeit mit Pausen- und Erholungszeiten abwechseln. Typisch sind 90 min Aufmerksamkeit und 15 min Ruhe, die jedoch je nach Dauerbelastung variiert und ergänzt werden (Graeber et al. 1990).

Der Rhythmus im Stundenzyklus ist das Arbeitspferd für Innovation. Sie werden in diesem Buch lernen, wie es möglich ist, mit dem Rhythmus im Stundenzyklus natürliche Kreativität zu aktivieren, Flow – einen Zustand der Fokussierung im Team mit hohem Motivationswert – zu erzeugen, und Effektivität bei der Lösung komplexer Aufgabenstellungen zu erhalten.

Planen, um flexibel zu bleiben

Zitat:

> Ich habe als Entwickler noch nie einen so großen Projektfortschritt in so kurzer Zeit erlebt. Elektronikentwickler

Herausforderung: Die Entwicklungsarbeit war von mehreren Defiziten geprägt: Stark bürokratisierte Arbeitsschritte, undurchsichtige Prozesse, Intransparenz über den Projektfortschritt und das Verkennen von Risiken. Dies senkte die Fähigkeit, flexibel auf plötzlich auftretende Veränderungen zu reagieren. Das Unternehmen suchte daher nach einer Möglichkeit, einerseits die nötige Flexibilität speziell in den frühen Phasen der Entwicklung sicher zu stellen, andererseits jedoch auch bestimmte Arbeitsschritte planen zu können.

Lösungsansatz: Für die Bearbeitung eines neuen Innovationsprojektes wurden Mitarbeiter in ein Projektteam zusammengeführt.

An Stelle von mehrwöchigen, starren Arbeitsplänen wurden auf der Basis täglicher Risikoeinschätzungen Arbeitspakete für den jeweils aktuellen Tag definiert. Dabei wurden externe Einflüsse sowie Erkenntnisse aus der eigenen Projektarbeit laufend in die Risikobetrachtung mit aufgenommen. Diese wurden dann in 90-minütigen Sessions abgearbeitet.

Ergebnis: Mit diesem Lösungsansatz lag der Fokus automatisch auf den wichtigen und dringenden Entwicklungsaufgaben, was zu außerordentlich hoher Projekteffektivität führte. Der Tagesrhythmus synchronisierte immer wieder den Informationsstand aller Teilnehmer und sorgte so für eine erhöhte Transparenz im Projekt. Der Stundenzyklus ermöglichte die konzentrierte Abarbeitung. Das rhythmische Vorgehen garantierte maximale Flexibilität bei gleichzeitig hocheffizientem Ressourceneinsatz. Die Projektlaufzeit verkürzte sich im Vergleich zur herkömmlichen Vorgehensweise spürbar.

Erklärung: Der Tagesrhythmus stellte sicher, dass sich das Team regelmäßig die Top-Risiken bewusst machte, während der Stundenrhythmus die fokussierte Abarbeitung gewährleistete. Dies schärfte den Blick jedes Einzelnen für wichtige und dringende Aufgaben. Die Risikoanalyse und -selektion sorgte weiter dafür, dass alle Teilnehmer jederzeit über den Fortschritt des Projektes informiert waren. Divergierende Sichtweisen innerhalb des Teams konnten zeitnah erkannt und auf eine gemeinsame Basis zurückgeführt werden.

Prinzipien	Managementebene		Managementphasen		Schwierigkeit
(⟨ʳ⟩)	Einzelprojekte		Org.	Strg.	schwer

2.1.4.3 Rhythmus als Infrastruktur

Der Rhythmus hilft uns also die Aufmerksamkeit und Energie in ausreichendem Maße auch in Innovation und Veränderung zu lenken. Durch den mit der ständigen Wiederholung im Rhythmus verbundenen Trainingseffekt gelingt es uns, Routinen zu schaffen und neue Gewohnheiten zu generieren.

Wir können sogar noch einen Schritt weiter gehen. Mit Rhythmen ist es möglich, auch die Innovation zur Gewohnheit zu machen, d. h. wir können Rhythmen aufbauen, die uns helfen, uns immer wieder neu auszurichten und weiterzuentwickeln. Genauso wie man lernen kann zu lernen, so kann man auch Innovation zu einer Gewohnheit machen. Dazu brauchen wir jedoch neben dem Prinzip des Rhythmus noch die weiteren vier Prinzipien für Innovation und Veränderung.

2.2 Stellhebel

2.2.1 Was sind Stellhebel?

Das zweite Prinzip für verhaltensorientierte Innovation bezeichnen wir als Stellhebel. Im Zentrum stehen dabei diejenigen Faktoren, die den größten Einfluss auf den Erfolg einer Organisation haben. Wer die Stellhebel erkennt und in den Griff bekommt, kann sich Schritt für Schritt und rasch den Organisationszielen nähern. Mit ihnen kann der Akteur Handlungsoptionen schlüssig priorisieren und auch solche Optionen erkennen, die er besser nicht verfolgen sollte.

2.2.2 Wie findet man die Stellhebel?

2.2.2.1 Ziele, Erfolgsfaktoren und kritische Erfolgsfaktoren

Die Identifizierung der Stellhebel einer Organisation beginnt mit einer Feststellung der Ziele und einem 360°-Blick in die Organisation zur Ermittlung der Erfolgsfaktoren. Eigentlich sollten die Ziele einer Organisation bekannt sein, etwa aus der strategischen Unternehmensplanung. Ansonsten ist die Führung gefordert, Ziele zu formulieren.

Für den 360°-Blick werden Stakeholder so ausgewählt, dass sie in Ihrer Gesamtheit die Organisation möglichst gut repräsentieren. Erfahrungsgemäß genügen dazu ca. 10–15 Personen, z. B. aus den Funktionsbereichen des zu gestaltenden Geschäftsbereiches selbst, Personen aus dem Umfeld innerhalb des Unternehmens, Führungskräfte, Kunden (Gelbmann und Vorbach 2003; Gausemeier et al. 2009).

Die Stakeholder erhalten dann in persönlichen Interviews die Gelegenheit, aus ihrer individuellen Sicht die Erfolgsfaktoren zur Zielerreichung zu benennen. Dabei sollen sie auch angeben, unter welchen Voraussetzungen sie persönlich zur Zielerreichung beitragen können.

In zahlreichen Projekten haben wir die Erfahrung gemacht, dass die Befragten mehrere hundert Erfolgsfaktoren nannten. Diese hohe Anzahl mag erstaunen. Sie spiegelt jedoch nichts anderes als zwei unumgängliche Tatsachen wider: Die Mitglieder und Stakeholder einer Organisation verfügen in ihrer jeweiligen Rolle oder Funktion über spezifische Möglichkeiten, zum Organisationserfolg beizutragen. Und jeder Befragte hat seinen subjektiven Blick auf die Erfolgsvoraussetzungen. Deshalb ist es so wichtig, nicht nur wenige Personen an der hierarchischen Spitze zu befragen, sondern – annähernd repräsentativ und als Bottom-up-Ansatz – in die gesamte Organisation „hineinzuhorchen".

Aus der Vielzahl genannter Erfolgsfaktoren sind nun die kritischen Erfolgsfaktoren abzuleiten. Sie werden in den Interviews besonders häufig genannt oder entstehen aus der Aggregation von inhaltsgleichen oder -verwandten Erfolgsfaktoren. Zum Beispiel werden die Nennungen „geringere Materialkosten", „kürzere Projektlaufzeiten" und „Einsatz moderner Kommunikationstechniken" aus den Interviews zu dem kritischen Erfolgsfaktor „Kostenreduzierung" zusammengefasst.

Dass dabei häufig zwischen 20 und 30 kritische Erfolgsfaktoren entstehen, darf nicht verwundern angesichts ihrer breiten Fundierung in der Organisation. Vielmehr kommt es darauf an, dass die Erfolgsfaktoren ausgewogen sind. Gemeint ist damit, dass sie nicht einseitig nur eine bestimmte Sichtweise auf die Organisation verkörpern. Dies wäre etwa dann der Fall, wenn im Unternehmen die Finanzperspektive dominiert und deshalb nur finanzielle Erfolgsfaktoren als kritisch erkannt werden.

2.2.2.2 Stellhebel als die systembestimmenden kritischen Erfolgsfaktoren

Die Stellhebel einer Organisation sind nun diejenigen kritischen Erfolgsfaktoren, die nicht nur selbst maßgeblich zur Zielerreichung beitragen, sondern auch einen besonders großen positiven Einfluss auf die anderen Erfolgsfaktoren haben.

Wie lassen sich diese Stellhebel erkennen? Dazu greifen wir auf eine Technik der Systemanalyse zurück, nämlich die „Einflussmatrix" (Vester 2000). Sie erfasst, ob und inwieweit ein bestimmter kritischer Erfolgsfaktor einen anderen kritischen Erfolgsfaktor positiv beeinflusst, siehe Abb. 2.2.

Die Stärke der Beeinflussung wird dabei quantifiziert, so dass die Zeilen und Spalten der Einflussmatrix rechnerisch auswertbar werden. Insbesondere zeigt die Summe einer Zeile, die sog. Aktivsumme, wie stark ein bestimmter kritischer Erfolgsfaktor auf alle anderen positiv einwirkt. Die Stellhebel einer Organisation lassen sich dann an ihrer besonders hohen Aktivsumme erkennen. Die Passivsummen der Einflussmatrix werden später noch eine wichtige Rolle spielen.

Abb. 2.2 Einflussmatrix

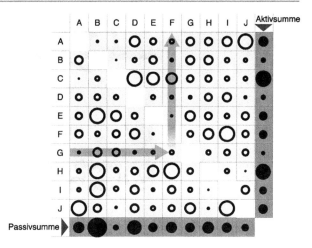

Wollen Sie nun einen besonders starken Einfluss auf das gesamte System der Er-folgsfaktoren ausüben, dann „bedienen" Sie dazu einen Stellhebel, d. h. Sie verbes-sern durch bestimmte Maßnahmen diesen kritischen Erfolgsfaktor. Damit nähern Sie Ihre Organisation nicht nur direkt den Zielen an, sondern Sie verbessern indirekt auch die anderen kritischen Erfolgsfaktoren. Sie bearbeiten sozusagen die anderen kritischen Erfolgsfaktoren gleich mit – ganz im Sinne Ihrer Organisationsziele.

Natürlich werden Sie den kritischen Erfolgsfaktor mit dem größten positiven Einfluss auf die anderen kritischen Erfolgsfaktoren als einen Stellhebel verwenden wollen. Ein Stellhebel allein ist jedoch praktisch nie ausreichend für den Organi-sationserfolg. Sie werden deshalb auch den zweiten und den dritten kritischen Er-folgsfaktor – gemessen an der Aktivsumme – als Stellhebel verwenden wollen. Die Erfahrung aus der Praxis zeigt, dass sich aus ca. 25 kritischen Erfolgsfaktoren 5 als einflussreichste herauskristallisieren (Wördenweber et al. 2008).

Oft werden wir gefragt: „Welches sind denn die typischen Stellhebel für ein Unternehmen?" Diese Frage lässt sich nicht generell beantworten. Die Praxis zeigt auch hier, dass jedes Unternehmen, jede Organisation seine Eigenheiten besitzt. Dies gilt besonders bei den Zielen, beim Verständnis davon, wie die Ziele zu er-reichen sind, bei den Voraussetzungen (Ressourcen, Kompetenzen, Marktposition etc.) und bei den Mitarbeitern und deren Verhalten.

Die Stellhebel einer Organisation sind also in hohem Maße organisationsspezi-fisch. Selbst innerhalb eines Unternehmens haben Teilorganisationen, etwa Funkti-ons- und Geschäftsbereiche oder einzelne Abläufe wie der Innovationsprozess, ihre jeweils spezifischen Stellhebel. Beispielweise hat das strategische Unternehmensziel „Kostenführerschaft" nicht automatisch zur Konsequenz, dass die Entwicklungs- und Werbeaktivitäten minimiert werden müssen; der Kostenwettbewerb könnte sich nämlich vor allem über F&E-basierte Fortschritte in der Fertigungstechnologie oder über Größenvorteile (economies of scale) bei den Marktzugängen entscheiden.

Zusammenfassend lässt sich festhalten: Eine Organisation mit Zielen hat kriti-sche Erfolgsfaktoren. Solche mit besonders hohem positivem Einfluss auf die an-deren kritischen Erfolgsfaktoren sind die Stellhebel der Organisation. In der Regel

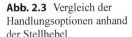

Abb. 2.3 Vergleich der Handlungsoptionen anhand der Stellhebel

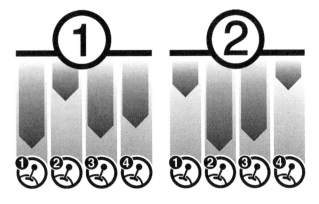

sind ca. fünf Stellhebel ausreichend, um eine Organisation zum Erfolg zu führen. Die Stellhebel werden mittels nachvollziehbarer, logischer Schlussfolgerungen aus dem Wissen repräsentativ ausgewählter Schlüsselpersonen abgeleitet. Sie garantieren, dass die Organisation sich mit großer Wahrscheinlichkeit ihren Zielen nähert, sobald sie Maßnahmen ergreift, welche die Stellhebel bedienen.

2.2.3 Bedeutung der Stellhebel für Innovation

2.2.3.1 Priorisierung von Handlungsoptionen

Das Management von Organisationen, und insbesondere das Management von Innovation, erfordert immer wieder die Entscheidung, bestimmte Dinge zu tun oder zu unterlassen. Im Innovationsbereich zählen dazu beispielsweise Entwicklungsprojekte, Maßnahmen zum Kompetenzaufbau oder auch die Einstellung von Experten einer bestimmten Fachrichtung.

In den meisten Fällen liegen dem Management mehr Handlungsoptionen vor als überhaupt realisiert werden können, weil die dazu benötigten Ressourcen nicht verfügbar sind. Will das Management dann Entscheidungen nicht willkürlich treffen, so muss es die vorliegenden Handlungsoptionen priorisieren.

Genau dabei helfen die Stellhebel. Sie sind der geeignete Maßstab dafür, wie sehr eine Handlungsoption die Organisation näher zu ihrem Ziel bringt. Vor einer Auswahl der zu realisierenden Handlungsoptionen sind also alle Alternativen zu überprüfen. Es ist zu fragen: „Welche Stellhebel bedient die Option bei Ausübung, und in welchem Ausmaß tut sie das?" Dadurch wird klar, wie sehr die Option direkt über den Stellhebel und indirekt über die positive Beeinflussung der anderen kritischen Erfolgsfaktoren auf die Zielerreichung einwirkt. Die Abb. 2.3 zeigt, wie in einem praktischen Fall zwei Handlungsoptionen hinsichtlich ihrer Stellhebelbedienung verglichen wurden.

Strikt zu trennen von der Priorisierung ist hingegen die Selektion von Handlungsoptionen für die Realisierung. Sie muss ressourcenorientiert erfolgen. Organisationen, die diese Trennung nicht beachten, laufen Gefahr sich zu übernehmen.

Geschäftsfeldfokus
Zitat:

> In diesem Strategieprojekt haben wir den Bogen von einzelnen Mitarbeitern zur Geschäftsfeld- und Unternehmensstrategie geschlagen. Es ist verblüffend, welch zentrale Rolle die Stellhebel einnehmen. Und es ist wichtig, diese zu kennen. Geschäftsführer

Herausforderung: Bei dem international tätigen Automobilzulieferer waren die sechs Geschäftsfelder neu auszurichten. Dabei sollten auch die jeweiligen Produktsortimente innovationsorientiert ausgerichtet und ergänzt werden. Aufgrund der hohen mittel- und langfristigen Bedeutung dieser Initiative waren der Geschäftsleitung zwei Aspekte besonders wichtig: gut fundierte Entscheidungen sowie deren wirksame Umsetzung.

Dies galt umso mehr, als ein vorangegangenes Projekt mit einer etablierten Unternehmensberatung gescheitert war und für Verwirrung und Verärgerung gesorgt hatte.

Lösungsansatz: Für das Unternehmen als Ganzes wurden die Stellhebel für den Geschäftserfolg ermittelt. Grundlage hierfür waren Interviews mit den Schlüsselpersonen. Diese erklärten in den Einzelgesprächen die aus ihrer individuellen Sicht wichtigen Erfolgsfaktoren für das Unternehmen (ca. 600 Nennungen).

Anschließend wurde die Vielzahl an Erfolgsfaktoren auf gut 20 übergeordnete Erfolgsfaktoren verdichtet und danach einer Systemanalyse unterzogen. Dabei wurde untersucht, inwieweit die Erfolgsfaktoren Einfluss auf andere hatten. So konnten acht Erfolgsfaktoren als Stellhebel identifiziert werden, z. B. Kundennähe und Zugang zu Schlüsseltechnologien.

Ergebnis: Ressourcen wurden neu zugeordnet (unmittelbar). Einige Produkte wurden in andere Werke verlagert und zwei Geschäftsfelder geschlossen (mittelbar). Gleichzeitig wurde zielgerichtet in die verbliebenden Geschäftsfelder investiert und darüber hinaus wurden neue zukunftsträchtige Geschäftsfelder aufgebaut (mittelbar).

Erklärung: Durch die Ableitung der Stellhebel wurde das Unternehmen sich seiner Entwicklungsmöglichkeiten besser bewusst. Optionen konnten am unternehmensspezifischen Fähigkeitsprofil gemessen werden. Schwerwiegende Entscheidungen konnten mit Überzeugung getroffen werden.

Prinzipien	Managementebene	Managementphasen			Schwierigkeit
⊕	**Unternehmen**	**Plan**	**Org.**		**schwer**

Marketing-Portfolio
Zitat:

> Endlich können wir unsere geplanten neuen Produkte ohne endlose Diskussionen
> priorisieren. Leiter Marketing

Herausforderung: Es gab eine fast unbegrenzte Vielzahl an Kriterien, nach
denen man den möglichen Erfolg oder Misserfolg von neuen Produkten ana-
lysieren konnte. Die Promotoren wurden sich über den genauen Wert neuer
Produkte nur schwer einig und Bedenkenträger konnten Entscheidungen
leicht verzögern.

Lösungsansatz: Der Marketingleiter ermittelte die Stellhebel für den Pro-
dukterfolg. Dabei nutzte er den Input und die Beteiligung aller für die
Ermittlung der Einflussfaktoren wichtigen Personen. Um die Akzeptanz der
Stellhebel sicherzustellen, wurde das Einverständnis für die Priorisierung von
allen Beteiligten eingeholt. Gemeinsam mit dem Entwicklungsleiter stellte
der Marketingleiter sicher, dass Priorisierung und Selektion von Entwick-
lungsprojekten streng getrennte Vorgänge waren, um zielorientierte und res-
sourcenorientierte Entscheidungen separat zu betrachten.

Ergebnis: Folgende Top-5 Stellhebel ergaben sich: Faszinierendes Produkt,
schnelle Umsetzbarkeit, Schlüsselkunde adressiert, Kundenfreundlichkeit,
vor dem Wettbewerb. Neue Produkte konnten in kurzer Zeit und mit gerin-
gem Aufwand anhand oben genannter Stellhebel priorisiert werden. Das
aktuelle Portfolio priorisierter Produkte war transparent und für alle sichtbar.
Entscheidungen für oder wider Produkte konnten begründet und für alle nach-
vollziehbar getroffen werden.

Erklärung: Durch die Einführung der Stellhebel wurde das Unternehmen
sich seiner Chancen am Markt besser bewusst. Produktoptionen ließen sich
nun hinsichtlich der Zielsetzung, mehr wertige Produkte in den Markt zu
geben, messen und priorisieren. Damit war die Überzeugungsarbeit für oder
gegen Freigabeentscheidungen schon weitgehend geleistet.

Prinzipien	Managementebene	Managementphasen			Schwierigkeit
✍	Portfolio	Plan			schwer

2.2.3.2   Suchfelder für neue Handlungsoptionen

Stellhebel geben Suchfelder für neue Handlungsoptionen vor. Sie regen die Organisation zur zielgerichteten Ideenfindung an: Welche Handlungsmöglichkeiten haben
wir überhaupt, um so die wirkungsvollen Stellhebel zu bedienen?

Beispiel

Als Organisation war der Fachbereich einer Hochschule untersucht worden. Dabei stellte sich der Faktor „Zusammenarbeit mit den Alumni" als Stellhebel heraus. Jedoch hatte die Hochschulleitung einige Zeit davor die Alumni-Pflege als „Chefsache" an sich gezogen. Eine eigenständige Bedienung des Stellhebels erschien zunächst unmöglich. Erst die neue Idee eines älteren Professors verschaffte wieder Zugang: Statt eines dedizierten Alumni-Netzwerkes wurde ein Beirat für den Fachbereich eingerichtet, zum Teil besetzt mit Alumni. Der Beirat bietet seitdem regelmäßig auch Veranstaltungen speziell für Ehemalige an.

Wenn sich die Rahmenbedingungen oder der Gestaltungsbereich, für den die Stellhebel gedacht sind, stark ändern, dann sollten die Stellhebel neu ermittelt werden. Andernfalls besteht die Gefahr, dass Handlungsoptionen anhand der veralteten Stellhebel priorisiert werden und das Management systematisch suboptimale oder gar zielhinderliche Optionen ausübt.

Wir vermuten, dass häufig genau hierin eine Ursache für den Erfolgsverlust in ursprünglich sehr erfolgreichen Unternehmen liegt. In bester Absicht wurden – trotz veränderter Ziele oder Rahmenbedingungen – immer noch die alten Stellhebel bedient und so die knappen Ressourcen für Maßnahmen verwendet, die auf die Erreichung der neuen Ziele bestenfalls zufällig positiv einwirkten. Der Kreativitätsanreiz, der von neuen Stellhebeln ausgeht, konnte nicht entstehen, die notwendigen Innovationen und Veränderungen wurden geradezu ausgeschlossen.

Stellhebel können auch selbst einer Veränderung unterliegen. Dies sieht man u. a. an starken Stellhebeln wie Kernkompetenzen. Sie können über Jahre hinweg immer weiter ausgebaut und ausgereizt werden, stoßen aber irgendwann an ihre Potenzialgrenze. Dies geschieht entweder, weil ihre sämtlichen Produkt- und Marktmöglichkeiten ausgeschöpft sind, oder, weil Wettbewerber ohne großen Aufwand inzwischen ebenfalls über diese Kompetenz verfügen können. Sie verlieren damit ihre Rolle als Stellhebel.

Der Organisation stellt sich dann die Aufgabe, sich von den vertrauten Kernkompetenzen abzuwenden, die Ziele neu zu formulieren und neue Kernkompetenzen aufzubauen. Die neue Kernkompetenz wird dann zum neuen Stellhebel, der immer wieder durch die Auswahl und Realisierung geeigneter Handlungsoptionen (Projekte zur Technologie- und Produktentwicklung, Markteinführungen, Mitarbeiterqualifizierungen etc.) zu bedienen ist.

Das Loslassen von überholten Kernkompetenzen kann auf erhebliche Verhaltenswiderstände in der Organisation stoßen (Leonard-Barton 1992). Verhaltensorientiertes Innovationsmanagement aus Gewohnheit hilft, diese Widerstände zu überwinden.

Visuelles Innovationsmanagement

Zitat:

> Jeder einzelne im Unternehmen kennt die Ideen zu Produkten und Verbesserungen und weiß, wie viel seine Idee zum Unternehmenserfolg beisteuern kann. Mitarbeiter aus der Fertigung

Herausforderung: Innerhalb von 10 Jahren war aus dem Gründerunternehmen ein weltweiter Anbieter von anspruchsvollem Motorradzubehör geworden. Fast 200 Mitarbeiter, meist selbst passionierte Biker, bewältigten die große Produktvielfalt und Wertschöpfungstiefe. Interessante Produktideen und organisatorische Verbesserungsvorschläge kamen jedoch nicht mehr zur Umsetzung. Die Mitarbeiter sollten außerdem wieder eine stärkere Beteiligung am Unternehmen spüren.

Lösungsansatz: Gemeinsam mit den Mitarbeitern wurden die für das Unternehmen relevanten Stellhebel identifiziert. In Workshops wurden Verbesserungsvorschläge und Produktideen gesammelt und an den Stellhebeln gespiegelt. Es ergab sich eine „Schatzkarte" des Unternehmens, die alle Handlungsoptionen in einer Portfoliodarstellung umfasste. Die Schatzkarte wurde im DIN-A0-Format ausgedruckt und an angemessener Stelle im Unternehmen für alle sichtbar aufgehängt.

Das betrachtete Unternehmen verwendete kleine Fahnen, um den Fortschritt der Umsetzung anzuzeigen. Abgeschlossene Projekte wurden in der Schatzkarte mit einem grünen Fähnchen markiert. Das Projekt, welches aktuell bearbeitet wurde, war mit einer gelben Fahne markiert. Eine weiße Fahne kennzeichnete das nächste, sich derzeit in Vorbereitung befindliche Projekt. Anzumerken ist, dass immer nur ein Projekt aktiv war. Vor Abschluss des aktiven Projektes durfte kein neues Projekt begonnen werden.

Ergebnis: Jeder Vorschlag fand Gehör und wurde in die Schatzkarte aufgenommen. Die Mitarbeiter hatten unmittelbaren Einfluss auf die Gestaltung der Zukunft des Unternehmens. Für jeden Mitarbeiter war auf einen Blick klar, welches Projekt sich derzeit in Bearbeitung befand und welche Projekte schon abgeschlossen waren. Der Prozess sensibilisierte die Mitarbeiter, so dass Projekte beschleunigt abgeschlossen werden konnten. Es entstand ein gemeinsames Verständnis für die Belange des Unternehmens. Die Organisation fokussierte ihre Perspektive und gewann ihren Gründergeist zurück.

Erklärung: Durch die Einführung der Stellhebel und des Rhythmus wurde zunächst einmal die Grundlage für die Priorisierung von Verbesserungsvorschlägen geschaffen. Darauf aufbauend konnte immer wieder ein neues Projekt je nach Ressourcenverfügbarkeit selektiert und projektiert werden. Der Takt für den Rhythmus entstand durch die Dauer des jeweils aktiven Projektes.

Prinzipien	Managementebene	Managementphasen			Schwierigkeit
⟨•ᵚ•⟩ 🌀	**Unternehmen**			**Strg.**	**leicht**

2.2.3.3 Innovation im Fokus der Organisation

Mit den Stellhebeln verfügt eine Organisation über das Wissen darüber, wie sie das System der kritischen Erfolgsfaktoren zielorientiert beeinflussen kann. Sie hat somit die Chance ihr Schicksal selbst in die Hand zu nehmen. Wenn sie die Stellhebel auch tatsächlich selbst bedienen kann, wird diese Chance zur Realität. Die Organisation weiß: Wenn wir eine Option ausüben, dann verändern sich die Erfolgsfaktoren auf eine bestimmte Weise.

Dieser Zusammenhang ist auch aus der persönlichen Sicht der Organisationsmitglieder von großer Bedeutung. Denn sie haben den Input geliefert für die Herleitung der Stellhebel. Dies fördert die Identifikation mit den Stellhebeln als Maßstab für die Priorisierung von Handlungsoptionen. Wenn alle in der Organisation wissen, dass sie selbst die Stellhebel zum Erfolg bedienen können, dann entstehen zusätzlich Selbstvertrauen, Mut und Hoffnung (Luthans et al. 2004). Die Organisationsmitglieder werden von Betroffenen zu Beteiligten.

Wie wir später noch sehen werden, sind dies wesentliche Voraussetzungen für ein Phänomen, das wir „Ownership" nennen. Ownership ist wiederum Voraussetzung dafür, dass Innovation zu einer guten Gewohnheit wird.

Zunächst jedoch sollten Sie die weiteren drei Prinzipien für verhaltensorientierte Innovation kennenlernen.

2.3 Innerer Kompass

Beim Inneren Kompass, dem dritten Prinzip für verhaltensorientierte Innovation, handelt es sich um einen intrinsischen Mechanismus zur Orientierung von Personen und Gruppen. Der Innere Kompass ermöglicht eine unmittelbar spürbare Rückmeldung darüber, ob der eingeschlagene Weg stimmt. Durch einen gemeinsamen Inneren Kompass wird eine Gruppe fokussiert. Dies erleichtert das Management von Innovationen. Der Abschnitt beschreibt die Herleitung und Anwendung des Inneren Kompass in Theorie und Praxis.

2.3.1 Was sind Indikatoren?

Im vorherigen Abschnitt haben wir diejenigen kritischen Erfolgsfaktoren kennengelernt, welche die anderen Erfolgsfaktoren am stärksten positiv beeinflussen. Wir bezeichneten sie als Stellhebel. Der Innere Kompass basiert auf ähnlichen Überlegungen: Diejenigen kritischen Erfolgsfaktoren, welche am stärksten durch andere Erfolgsfaktoren beeinflusst werden, nennen wir Indikatoren. Auf Indikatoren wirken viele andere Faktoren ein. Man erkennt sie an einer hohen Passivsumme in der Einflussmatrix. Zur Erinnerung: Die Passivsumme ergibt sich aus der Spaltensumme (siehe auch Abb. 2.2).

In der Einflussmatrix haben wir die positiven Einflüsse zwischen den kritischen Erfolgsfaktoren erfasst. Die Indikatoren folgen dem und zeigen positive Veränderungen in Richtung der Zielsetzung an. Die Vernetzung des Indikators in der Einflussmatrix stellt sicher, dass der Indikator empfindlich genug reagiert.

Jede Organisation besitzt individuelle Stellhebel und Indikatoren. Da Indikatoren wie Stellhebel abgeleitet werden, sind auch hier Zielsetzung und Geltungsbereich (Scope) im Voraus zu bestimmen und innerhalb einer Organisation können sich je nach Funktionalbereich auch die Indikatoren deutlich voneinander unterscheiden.

Beispiel

Während ein Erfolgsindikator für die Marketingabteilung die Anzahl der Besucher auf der Unternehmenswebseite sein könnte, misst die Fertigung Ihren Erfolg an der Anzahl der pünktlich und fehlerfrei produzierten Produkte.

Die Beobachtung eines Indikators erlaubt es den Erfolg von Veränderungen, wie z. B. von Verbesserungsmaßnahmen oder Innovationen, abzulesen. Dies vereinfacht die Erfolgskontrolle erheblich. Wenn wir wissen, auf welche Indikatoren wir achten müssen, kann Erfolg schneller erkannt und Leidenschaft entfacht werden.

2.3.2 Was sind Frühindikatoren?

Wir haben Indikatoren als diejenigen Erfolgsfaktoren kennengelernt, die durch das Gesamtsystem der kritischen Erfolgsfaktoren besonders stark beeinflusst werden. Die Zeit, die zwischen einer Änderung des Erfolgsfaktors und dem Ausschlag des Indikators verstreicht, bezeichnen wir als Latenzzeit. Die Indikatoren unterscheiden sich nach dieser Latenzzeit. Zur rechtzeitigen Steuerung von Prozessen sind wir an solchen Indikatoren interessiert, welche besonders schnell auf Änderungen im Erfolgsfaktorensystem reagieren. Diese bezeichnen wir als Frühindikatoren.

Beispiel

In vielen Organisationen ist der finanzielle Gewinn ein sehr starker Indikator. An der Höhe des Gewinns lässt sich der Erfolg einer profitorientierten Organisation ablesen. Alle Aktivitäten der Organisation und ihrer Mitglieder haben einen direkten oder indirekten Einfluss auf die Höhe des Gewinns.

Der Gewinn ist zwar vielfach ein starker Indikator, er besitzt aber auch eine große Latenzzeit. Zwischen der Ausführung einer Maßnahme und der Änderung des Gewinns vergehen nicht selten Monate oder sogar Jahre. Bei den meisten Indikatoren sind die Latenzzeiten kaum zu verkürzen. So kann z. B. die Erreichung des Break-Even für Innovationsvorhaben erst nach langer Zeit mit Sicherheit festgestellt werden.

Zur Steuerung sind solche Spätindikatoren ungeeignet. Die Orientierung an Spätindikatoren entspricht dem Versuch, eine Organisation sozusagen durch den Blick in den Rückspiegel zu lenken. Die Gefahr Fehlentscheidungen zu treffen, ist dann erheblich. Glücklicherweise lassen sich in jedem Erfolgsfaktorensystem Frühindikatoren mit einer geringen Latenzzeit finden. Diese Indikatoren reagieren besonders schnell und empfindlich auf Änderungen der Erfolgsfaktoren.

Beispiel

Versuche in der Biochemie können Jahre dauern. Die Beobachtung bestimmter Frühindikatoren erlaubt es, bereits nach wenigen Tagen festzustellen, ob der Versuch eine Chance hat erfolgreich zu sein.

Frühindikatoren sind besonders geeignet, um frühzeitig sicherzustellen, dass sich die Organisation auf Zielkurs befindet. An ihnen kann kurzfristig abgelesen werden, ob Verbesserungsmaßnahmen greifen. Andernfalls, d. h. bei einer Zielabweichung, kann zeitig nachgesteuert werden. Es genügen zwei bis drei Frühindikatoren, um zu erkennen, ob das Ziel erreicht wird.

Quälgeist-Monitor
Zitat:

> Der Quälgeist-Monitor hätte einfacher gar nicht sein können. Und trotzdem war er unglaublich wirkungsvoll, weil er uns Orientierung bei einem wichtigen Bestandteil unserer Arbeitszeit gab. Projektteammitglied

Herausforderung: Ein Projekt zur Produktentwicklung bei einem Markenhersteller stockte gleich zu Beginn. Ursache war die schlechte Besprechungsdisziplin im Team. Diese erstreckte sich auch auf die übrigen Unternehmensteile. Die Arbeitstreffen waren allzu häufig mangelhaft vorbereitet: keine Agenda, keine Rollenverteilung für Geschäftsführung und Protokollierung. Auch die Meetings selbst wurden schlecht durchgeführt, z. B. ohne die eigentlich Beteiligten einzuladen oder ohne einen Aktionsplan.

Ein besonderes Problem entstand dadurch, dass auch Führungskräfte zu spät zu Besprechungen eintrafen oder diese überzogen. Also verzögerte sich der zeitliche Ablauf im Arbeitstag der gesamten Organisation. Dies führte zu Frustration bei Beteiligten und Betroffenen.

Ein ungestörter Ablauf war für das bevorstehende Projekt unbedingt notwendig. Das Entwicklerteam sollte einen festen Rhythmus einhalten und Freiräume auf produktive Weise nutzen. Dem stand die Besprechungsdisziplin in ihrer bisherigen Form diametral entgegen.

Lösungsansatz: Die Teammitglieder erhielten einen kleinen Bewertungsbogen. Mit ihm sollten die Meetings hinsichtlich Effizienz und Effektivität beurteilt werden. Der Bogen listete fünf elementare Indikatoren für den Erfolg

von Meetings auf, z. B., ob eine Agenda vorliegt, ob Protokoll und Aktionsplan des vorangegangenen Treffens überprüft worden waren, ob die Teilnehmer pünktlich erschienen oder ob das Meeting rechtzeitig beendet wurde.

Der Bogen wurde, in Anlehnung an die Chaos und Panik verbreitenden
Kobolde, als Quälgeist-Monitor bezeichnet. Immer dann, wenn Mitglieder
des Entwicklungsteams an Meetings teilnahmen, gaben Sie an, ob oder wie
stark die Indikatoren ausgeprägt waren. Die Quälgeist-Monitore wurden
anschließend an einer Pinnwand ausgehängt. Der Qualitätsbeauftragte, ebenfalls Teammitglied, wertete diese jeweils am Abend aus und gab am folgenden Tag ein Feedback.

Ergebnis: Die Quälgeist-Monitore waren schnell unternehmensweit bekannt
und wurden auch außerhalb des Entwicklungsteams gerne verwendet. Jeder
konnte sofort erkennen, ob ein Meeting produktiv war oder nicht. Die Organisation konnte nun die erforderlichen Frühindikatoren verwenden. Innerhalb
weniger Wochen entwickelte sich eine bis dahin unbekannte Disziplin bei
Meetings – und das ohne jede Arbeitsanweisung.

Erklärung: Mit dem Bewertungsbogen wurde ein Innerer Kompass eingeführt. Dieser machte bewusst auf Dinge aufmerksam, die für eine erfolgreiche
Besprechung entscheidend waren und eine positive Veränderung bewirkten.

Prinzipien	Managementebene	Managementphasen			Schwierigkeit
Ⓘ	**Ressourcen**			**Strg.**	**leicht**

2.3.3 Was ist der Innere Kompass?

Im vorangegangenen Abschnitt wurde erklärt, dass es vorteilhaft ist, Indikatoren
mit möglichst kurzer Latenzzeit zur Erfolgskontrolle und Steuerung zu verwenden.
Je kürzer die Latenzzeit, desto eher können ein Erfolg gefeiert oder eine Kursabwei-
chung korrigiert werden. Manche Frühindikatoren besitzen eine weitere Besonder-
heit: Sie sprechen durch ihre geringe Latenzzeit nicht nur sehr schnell an, sondern
sind auch einfach verständlich und transparent darstellbar. Alle Organisationsmitglieder nehmen diesen Indikator wahr und können ihn verstehen (siehe Abb. 2.4).
Einen Indikator mit diesen Eigenschaften nennen wir einen Inneren Kompass.

Neben der Latenzzeit des Indikators spielt also auch die Wahrnehmungszeit eine
wichtige Rolle. Die Wahrnehmungszeit gibt die Zeitspanne zwischen der Reaktion
des Indikators und der emotionalen Wirkung auf den Einzelnen oder die Organisa-

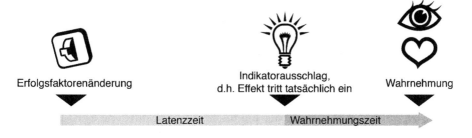

Abb. 2.4 Wahrnehmungszeit und Latenzzeit

tion an. Sehr gut geeignet ist ein Indikator dann, wenn die Latenzzeit gering ist und die Wahrnehmungszeit im Sekundenbereich liegt.

Beispiel für eine lange Latenzzeit

Im vergangenen Jahr war der Konzernumsatz und Gewinn deutlich zurückgegangen. Für das neue Jahr wurden daher alle Budgets um 15 % gekürzt. Nun zieht der Umsatz wieder an. Dies kann aber erst in der nächsten Planungsperiode berücksichtigt werden.

Beispiel für kurze Latenz- und Wahrnehmungszeit

In der Programmierabteilung bekam jeder Mitarbeiter unmittelbares Feedback, wenn er seinen Code kompilierte. Die Rückmeldung erfolgte automatisch in Form einer Fanfare aus dem Computer, wenn der Code von besonders hoher Qualität war. Diese Form der Anerkennung wurde auch von den Kollegen als Motivation wahrgenommen.

Die beiden Beispiele machen die Bedeutung kurzer Feedbackschleifen deutlich. Während im ersten Beispiel Ursache und Wirkung in keinem direkten Zusammenhang zu stehen scheinen, bewirkt die sofortige Rückmeldung im zweiten Beispiel eine nachhaltige Steigerung der Motivation und eine Änderung des Verhaltens. Die Erkennung und Wahrnehmung des Inneren Kompass kann trainiert und visuell oder akustisch kenntlich gemacht werden, wie im Beispiel oben oder in der folgenden Fallstudie.

Frühindikator: Disziplin und Sicherheit
Zitat:

> Die Mitarbeiter sind motiviert und die Arbeitsproduktivität ist spürbar gestiegen. Endlich habe ich Zeit, mich um wichtige Dinge zu kümmern. Werksleiter

Herausforderung: Die Belegschaft eines mittelständischen Unternehmens nahm nicht ausreichend Anteil an betrieblichen Vorgängen. Das Betriebsklima war insgesamt verbesserungswürdig und die Mitarbeiter waren unmotiviert. Sie sollten lernen, sich bewusster einzubringen, die Prozesse besser zu begreifen, in die sie mit ihrer Arbeit integriert waren.

Lösungsansatz: Die Analyse der Einflussfaktoren identifizierte einen Frühindikator im Bereich Arbeitssicherheit. Wenn also die richtigen Änderungsmaßnahmen veranlasst würden, wäre ein Erfolg schnell anhand gestiegener Sicherheit im Betrieb ersichtlich. Ein sauberer Arbeitsplatz sorgt zum Beispiel für mehr Effizienz und Sicherheit. Der Indikator sollte für alle sichtbar und leicht verständlich gemacht werden. Anstelle einer wenig beachteten monatlichen Unfallstatistik wurde eine gut sichtbare Anzeigetafel am Werkstor installiert. Jeder Mitarbeiter und Besucher hatte schnell eine Übersicht über die Anzahl unfallfreier Tage im Unternehmen. Bei allen wuchs die Motivation die Anzahl der angezeigten unfallfreien Tage zu erhöhen und damit auf mehr Sicherheit am Arbeitsplatz zu achten.

Ergebnis: Das Management konnte den Erfolg der Verbesserungsmaßnahmen durch die Anzeige der Sicherheit unmittelbar prüfen. Der Betrieb stellte einen neuen Rekord an unfallfreien Tagen auf. Der Erfolg in der Verbesserung der Sicherheit war motivierend für die Mitarbeiter und erzeugte eine positive Grundhaltung.
  Durch die Aufmerksamkeit für Sicherheit stieg automatisch auch die Aufmerksamkeit für betriebliche Belange und die Bereitschaft sich einzubringen.

Erklärung: Durch die Einführung des Inneren Kompass wurde das Gruppenbewusstsein fokussiert. Eine Bewusstseinsänderung in einem Bereich aktiviert Aufmerksamkeit in anderen Bereichen.

Prinzipien	Managementebene	Managementphasen			Schwierigkeit
⬭	Unternehmen	Ziel			mittel

Durch Schaffung eines Bewusstseins für den Inneren Kompass steigt die Aufmerksamkeit. Eine erhöhte Aufmerksamkeit sorgt dafür, dass auch kleine Änderungen eher wahrgenommen werden. Maßnahmen wie Visual Management oder andere Formen des unmittelbaren Feedbacks unterstützen die schnelle Wahrnehmung von Verbesserungen. Anders als die Latenzzeit lässt sich die Wahrnehmungszeit also gezielt beeinflussen.

Beispiel

Ein Tennisspieler hört und spürt sofort in dem Moment, in dem er den Ball mit dem Schläger berührt, ob er ihn optimal getroffen hat.

Das unmittelbare Feedback verstärkt die intrinsische Motivation. Der Tennisspieler freut sich darüber, den Ball optimal zu treffen, und bemüht sich dieses Gefühl jedes Mal aufs Neue wieder zu erreichen. Dies hat noch nichts damit zu tun, das gesamte Spiel zu gewinnen, es bringt ihn diesem Ziel aber näher. Der Innere Kompass entfaltet seine Wirkung dann am besten, wenn das Feedback von Personen wahrgenommen wird, die die Stellhebel in der Hand halten, um den Indikator zum Ausschlag zu bringen – sprich: um den Ball mit dem Schläger optimal zu treffen. Der Mechanismus des Inneren Kompass funktioniert nur dann, wenn der Erfolg unmittelbar und emotional wirkt und für alle Beteiligten einfach aufzunehmen ist.

Hinweis: Das Gefühl, die Stellhebel in der Hand zu halten und die relevanten Indikatoren beachten zu können, ist eine wesentliche Voraussetzung um Betroffene zu Beteiligten zu machen. Mehr dazu in späteren Abschnitten.

2.3.4 Bedeutung des Inneren Kompass für Innovation

Die Kenntnis und das Beachten des Inneren Kompass übt eine spürbare Wirkung auf das Individuum, auf Gruppen und auf die Organisation aus. Individuen fühlen sich beteiligt und sind stärker motiviert. Die Individuen einer Gruppe werden synchronisiert. Die Organisation profitiert von gemeinsamen Zielen und dem verstärkten Bestreben der Mitglieder zur ständigen Verbesserung. Die Organisation kann sich erneuern.

Die folgenden Abschnitte beleuchten die Wirkung und die entstehenden Wechselbeziehungen zwischen Innerem Kompass, Individuum, Gruppe und Organisation.

2.3.4.1 Wirkung auf Individuen

Der Innere Kompass spricht das Belohnungssystem Nucleus Accumbens im menschlichen Gehirn an. Durch direktes positives Feedback wird das Individuum belohnt. Spürt der Einzelne, dass sein Handeln direkten Einfluss auf das Ergebnis hat, fühlt er sich beteiligt. Das Individuum kann sein Schicksal selber bestimmen. Wird es darüber hinaus in die Lage versetzt, selbstständig und eigenmotiviert zu agieren, entsteht Empowerment. Der Innere Kompass unterstützt diesen Prozess; er entfaltet somit eine Wirkung, die mit allen intrinsischen Motivationssystemen vergleichbar ist. (Eisenberger et al. 2005; Abuhamdeh und Csikszentmihalyi 2009).

Beispiel

Bevollmächtigte Mitarbeiter dürfen bei Auftreten eines Fehlers im Fertigungsprozess selbstständig das Band anhalten und den Fehler eigenverantwortlich beseitigen.

Abb. 2.5 Indikatoren als
sichtbare, rückwärtsvernetzte
Erfolgsfaktoren

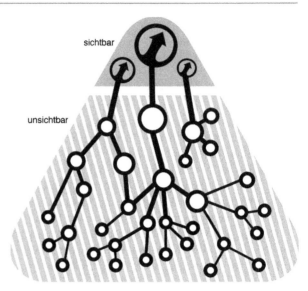

Jeder Indikator, und dies gilt für den Inneren Kompass ganz besonders, sollte als
rückwärtsvernetzter Erfolgsfaktor verstanden werden (siehe Abb. 2.5). Wie bei
einer Pflanze die Wurzeln, so breiten sich die Einflussfaktoren auf den Inneren
Kompass tief in das System der Erfolgsfaktoren aus und sind verästelt. Zusätzlich
ist der Innere Kompass mit anderen, wesentlichen Indikatoren vernetzt, was in der
Einflussmatrix offengelegt ist. Der Vorteil des Inneren Kompass liegt nun gerade
darin, sich auf nur einen wesentlichen Indikator konzentrieren zu müssen.

Beispiel

Die qualitätsorientierte Fertigung nach dem Toyota-Prinzip nutzt Verschwendung als Inneren Kompass. Ständige Verbesserung nach Kaizen bewirkt automatisch auch eine Reduktion der Verschwendung und eine Steigerung der Qualität.

Der Nutzen des Inneren Kompass wird durch einen weiteren psychologischen
Wirkmechanismus verstärkt: Wer begonnen hat, bewusst nur auf eine einzige Gewohnheit zu achten, achtet unbewusst auch auf das übrige Verhalten. Ein Aufmerk-
samkeitsfenster wird geöffnet (Vester 2000).

Beispiel

Wer auf gesunde Ernährung achten möchte, prägt sich z. B. zunächst nur ein,
bewusst auf den Fettgehalt zu achten und fettarme Speisen zu bevorzugen. Typischerweise sorgt dies bereits für eine bewusstere Ernährung. Greife ich also
zunächst nur eine wesentliche Komponente wie z. B. den Fettgehalt von Speisen

heraus, berücksichtige ich gleichzeitig viele andere Komponenten. Die Chance ist groß mit einer Fettvermeidungsstrategie gleichzeitig auch die zugeführten Kalorien spürbar zu verringern. Nach den ersten Erfolgen erwächst dann auch die Bereitschaft auf weitere Zusammenhänge zu achten, z. B. auf den Zucker oder Kaloriengehalt.

Ich muss mir nur einen Aspekt wirklich klar machen, dann wächst schrittweise das Interesse für den Gesamtzusammenhang. Man wird in die Lage versetzt, sich und sein Umfeld besser zu verstehen. Physiker sprechen in diesem Zusammenhang auch von dem einprägsamen Begriff der „Co-Faktoren". Wird stattdessen sofort das Gesamtsystem betrachtet, besteht die Gefahr von Frustration.

2.3.4.2 Wirkung auf Gruppen

Neben der Wirkung auf Einzelne bestehen auch Einflüsse auf Gruppen von Individuen. Damit der Innere Kompass in der Gruppe wirkt, sollte diese eine gewisse Größe nicht überschreiten. Überschreitet die Gruppe die Größe der menschlichen Herde von ca. 150 Personen, bilden sich Untergruppen, und die gemeinsame Zielfokussierung wird durch gruppendynamische Prozesse erschwert (Gladwell 2001). Der Innere Kompass wirkt positiv auf den Herdentrieb, insbesondere wenn er mit Impuls-Prinzip (siehe Abschn. 2.5) gekoppelt wird.

Beispiel

Der Moderator bekam 120 Teilnehmer zu Beginn eines Workshops mit einer einfachen Methode in den Griff. Es setzte sich hin, schloss die Augen und schwieg. Nach fünf Minuten waren die zuvor sehr angeregten Gespräche verstummt und man hätte eine Stecknadel im Raum fallen hören können. Er hatte die Kontrolle über die Gruppe gewonnen.

Der Indikator wirkt wie ein Sog auf die Gruppe und fokussiert die Aufmerksamkeit. Die Gruppe richtet sich nach dem vorherrschenden Indikator aus und entwickelt eine Leidenschaft, den durch den Indikator angezeigten Zustand zu verbessern. Innerhalb der Gruppe bilden sich dann normative Einflüsse auf die Mitglieder, siehe Abb. 2.6. Normativer Einfluss entsteht dadurch, dass sich Mitglieder konform verhalten, um von der Gruppe als sympathisch beurteilt zu werden (Steinberg und Monahan 2007; Allen et al. 2005).

Es entsteht weiterhin ein gemeinsames Wissen darüber, in welche Richtung sich die Gruppe bewegen soll. Dieser „Sense of Direction" ist in vielen Organisationen nicht vorhanden, was sich außerordentlich nachteilig auswirkt (Hamel und Prahalad 1994). Dank des Inneren Kompass bildet sich das Wissen um gemeinsame Ziele heraus, und das gemeinsame Wissen steigert die Leistungsfähigkeit der Gruppe. Nun ist die Gruppe in der Lage auf einer gemeinsamen Basis zielgerichtet zu agieren (Meynhardt 2005).

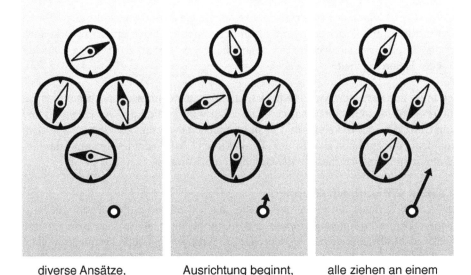

diverse Ansätze,   Ausrichtung beginnt,   alle ziehen an einem
die Gruppe steht still   die Gruppe kann ziel-   Strang, das Ziel mo-
                          orientiert arbeiten   tiviert die Gruppe

Abb. 2.6 Ausrichtung der Gruppe am Inneren Kompass

Aufgrund der Rückwärtsvernetzung wirkt eine Maßnahme zur Verbesserung des Indikators als eine Verbesserung der Gesamtorganisation. Die Organisation optimiert sich selbst. Die Anstrengungen des Individuums und der Gruppe werden durch den Ausschlag des Indikators belohnt.

Qualitätsradar
Zitat:

> Wenn ich meinem Kollegen helfen kann, dann hilft mir mein Kollege auch, wenn ich Hilfe brauche. Gruppenleiter

Herausforderung: Das Unternehmen, einer der weltweit führenden Automobilzulieferer, verfügt über einen Forschungs- und Entwicklungsstandort in Osteuropa mit ca. 200 Mitarbeitern in der Vor- und Serienentwicklung. Die Leistung des Standortes hielt den gestiegenen Anforderungen an Innovationserfolg, Entwicklungsgeschwindigkeit und Ressourceneffizienz nicht mehr stand. Ein erster OEM hatte das Unternehmen als Lieferant bereits ausgelistet, weitere drohten zu folgen.

Als ein Schwachpunkt war die unkoordinierte Steuerung der ca. 120 simultan laufenden Projekte erkannt worden. Insbesondere gab es keine sinnvolle Logik, nach der sich die Hauptverantwortlichen auf die besonders kritischen Projekte konzentrieren sollten.

Lösungsansatz Das komplexe Projektprogramm und die knappen Personal-ressourcen in der Projektsteuerung veranlassten zu einer Lösung, die alle Ent-wickler unmittelbar mit einbezog.

Konkret wurde – für alle sichtbar – ein Qualitätsradar erstellt, das die Ent-wickler ansprach: Es zeigt in einem Diagramm nach rechts die Zeitachse bis zum Ende der Entwicklungsprojekte, dem Start of Production (SOP). Nach oben wurde der erreichte Projektfortschritt (0–100 % Qualität) aufgetragen. So konnte jedes Projekt jederzeit mit einem Punkt auf dem Diagramm posi-tioniert werden.

Für alle Projekte wurde ein typischer Verlauf von links unten (Projekt-beginn/0 %) nach rechts oben (SOP/100 %) festgelegt. Es ergibt sich eine Akzeptanzkurve. Das Diagramm wurde betriebsöffentlich ausgehängt, so dass jeder Mitarbeiter täglich über den Stand der Projektrealisierungen infor-miert war. Projekte waren immer dann besonders kritisch und brauchten die Intervention der Hauptverantwortlichen, wenn sie zu lange (die Zeitspanne war definiert) unterhalb der Akzeptanzkurve blieben oder wenn sie zu lange nicht mehr effektiv mit Personaleinsatz betrieben werden konnten. Letzteres geschah z. B. aufgrund von Krankheit, Urlaub oder Prioritätensetzung auf hierarchisch tieferen Entscheidungsebenen. Solche Projekte wurden im Qua-litätsradar mit einem roten Punkt markiert.

Ergebnis: Das Qualitätsradar schaffte die erwünschte Transparenz im Multi-Projektmanagement. Dadurch konnten sich die Top-Manager gezielt auf die kritischsten Projekte konzentrieren.

Es kam zu einer weiteren erheblichen Verbesserung: Die Entwickler-Teams bekamen vollständige Informationen über alle laufenden Projekte und konnten dadurch selbständig und frühestmöglich ihren Arbeitseinsatz so auf die Projekte verteilen, dass kritische Situationen nicht mehr entstanden. Man könnte von einer sich selbst heilenden Organisation sprechen, die durch den Qualitätsradar als Inneren Kompass gelenkt wird.

Auch dank dieses Steuerungsansatzes hat der osteuropäische Entwick-lungsstandort den Turnaround geschafft. Die Innovationsfrequenz stieg deut-lich an, der vorher verlorene OEM-Kunde stieg in ein neues Fahrzeugprojekt mit hochwertiger Technologie ein. Die wiederhergestellte Innovationsfähig-keit wurde durch weitere Schlüsselkunden im Premiumsegment anerkannt.

Erklärung: Durch die Einführung des Inneren Kompass und Rhythmus wurde der tagesaktuelle Stand der Entwicklungsprojekte für alle Beteiligten sichtbar. Die regelmäßige Aktualisierung erlaubt die Entwicklung eines emo-tionalen Bezugs zur vorher abstrakten Kennzahl. Dies gibt einen Anreiz zum kooperativen und eigenverantwortlichen Handeln. Langfristig kann sich ein intrinsischer Motivator herausbilden.

Prinzipien	Managementebene	Managementphasen				Schwierigkeit
(•••) (⌀)	Portfolio				Strg.	schwer

Fieberthermometer für Projekte

Zitat:

> Ich war nie sicher, wie der aktuelle Projektstatus war. Jetzt traue ich dem Entwicklungsleiter, wenn er sagt, das Projekt läuft. CEO

Herausforderung: In einem Entwicklungszentrum mit 250 Mitarbeitern liefen bis zu 120 Projekte zeitgleich. Die Belegschaft zeigte sich davon zunehmend überfordert. Es fiel der mehrheitlich ingenieurwissenschaftlich geprägten Belegschaft schwer Probleme zu lösen.

Stattdessen war es für sie einfach, die eigene Überforderung und Probleme zu verstecken, da es kein klares Verantwortlichkeitsgefühl für die Projekte gab. Begünstigt wurde diese Entwicklung durch nur zufällige Fragestellungen der Projektleiter bei stichpunktartigen Überprüfungen der Projekte. Dies machte es den Mitarbeitern einfach Probleme nicht konkret zu benennen.

Auf diese Weise sah sich die Belegschaft wiederum in ihrer negativen Sicht des Managements bestätigt, da die Probleme nicht von der Führung identifiziert oder gelöst werden konnten.

Lösungsansatz: Durch die systematische Ermittlung der relevanten Frühindikatoren für den Erfolg in der Projektentwicklung konnten den Projektleitern einfach nachvollziehbare Werkzeuge in Form von Bewertungstabellen gegeben werden, welche das bisherige Stichprobenverfahren ersetzten. In diesem Fall lauteten die zwei wichtigsten Frühindikatoren A: zeitliche Machbarkeit und B: effektive Organisation des Entwicklungsteams.

Die Verwendung der Bewertungstabellen erlaubte jedem Projektleiter innerhalb kurzer Zeit, den eigenen Projektstatus und den anderer Entwicklergruppen richtig einzuschätzen.

Ergebnis: Die richtige Einschätzung des eigenen Projektstatus gestattete auch den Seitwärtsblick auf andere Entwicklergruppen im Unternehmen. Zugleich konnten die Ressourcen optimal verteilt werden. Dieser Mechanismus regelte sich selbstständig. Somit waren von Seiten der Manager weniger Vorgaben nötig. Die nun vorherrschende Transparenz steigerte die Motivation der Mitarbeiter weiter.

Erklärung: Durch die Einführung des Inneren Kompass wurde Transparenz über die Projekte erzeugt. Dies erlaubte darüber hinaus eine Prognose, welche

Projekte Gefahr laufen, zukünftig in schwieriges Fahrwasser zu geraten. Eine prophylaktische Steuerung wird ermöglicht. Ressourcen werden geschont.

Prinzipien	Managementebene	Managementphasen				Schwierigkeit
Ⓘ	Einzelprojekte				Strg.	mittel

Die Akzeptanz und das Verständnis des Inneren Kompass sind Grundvoraussetzungen, damit der Innere Kompass eine Wirkung auf Gruppen ausüben kann. Sobald der Schwellwert für die Akzeptanz in der Gruppe erreicht ist, kommt es zum „Tipping Point", und die komplette Gruppe kann sich anhand des Inneren Kompass ausrichten. Dieser Prozess lässt sich durch das gezielte Nutzen bestimmter Charaktertypen beschleunigen (Gladwell 2001).

2.3.4.3 Wirkung auf die Organisation

Wie wir gesehen haben, vereint und bewegt ein Indikator die Gruppe. Die Gruppe und ihre Individuen synchronisieren sich. Es entsteht ein gemeinsamer Fokus. Jetzt passiert etwas Erstaunliches: Der Indikator wirkt auch auf die gesamte Organisation ein. Jeder Einzelne besitzt eigene Stellhebel, die er bedienen kann. Der Innere Kompass sorgt dafür, dass jedes Individuum seine persönlichen Stellhebel bewegt. Die Bedienung der Stellhebel des Einzelnen bewirkt noch nicht viel. Doch ein gemeinsamer Innerer Kompass kann dazu führen, dass alle ihre individuellen Stellhebel bedienen und damit Veränderungen hervorrufen.

Beispiel

Ein typischer Frühindikator in fertigungsgetriebenen Organisationen ist „Muda" (japanisch für Verschwendung). Ein Mitglied der Gruppe kann auch in anderen Funktionsbereichen den Willen zur Verbesserung auslösen. Es könnte seine Kollegen in anderen Bereichen fragen: „Was kannst du tun, um Verschwendung zu reduzieren?" Hierfür müssen Optionen identifiziert und umgesetzt werden, welche die Stellhebel bedienen (siehe auch den Abschnitt über Stellhebel).

Kaizen entdecken

Zitat:

> Ist das aber ein Zufall! Hier scheint ja das Toyota-Modell durch. Leiter Fertigung

Herausforderung: Der Auslandsstandort war aufgrund des Lohnkostenvorteils gewählt worden. Dennoch war das Werk unprofitabel. Schon seit Jahren wurden Verluste eingefahren. Die enttäuschenden Ergebnisse hatten das Management dazu verleitet, die Lösung auch in finanziell motivierten Maßnahmen zu suchen, zum Beispiel in der Entlassung von teuren Experten.

Lösungsansatz: Abhilfe geschaffen wurde durch die systematische Ableitung von Stellhebeln und Indikatoren für den robusten Fertigungsprozess.

Als frühester Indikator entpuppte sich Muda. Muda ist das japanische Wort für Verschwendung. Die Vermeidung von Verschwendung ist wesentlicher Bestandteil des Toyota-Prinzips und damit treibender Indikator für Kaizen. Im vorliegenden Beispiel war Muda sogar der Innere Kompass.

Ergebnis: Durch den Inneren Kompass war eine Neuausrichtung aller Beteiligten möglich. Management und Mitarbeiter konnten sich gemeinsam auf die ständige und kontinuierliche Verbesserung der Fertigungsprozesse fokussieren. Durch die anschließende konsequente Umsetzung der Verbesserungen ergab sich mittelfristig auch die völlige finanzielle Gesundung des Betriebs.

Erklärung: Durch die Einführung des Inneren Kompass wurde den Beteiligten klar, was Verschwendung ist. Dieser Indikator ist den meisten Mitarbeitern nicht voll verständlich, folglich können sie ihn auch nicht erklären. Das Trainieren der Erkennung von Verschwendung reicht aus, um den Prozess der ständigen Verbesserung in Gang zu setzen.

Prinzipien	Managementebene	Managementphasen				Schwierigkeit
☉	**Unternehmen**				**Strg.**	**mittel**

Die Leidenschaft zur Verbesserung kann so stark werden, dass die Organisation die Kraft findet, sich selbst zu verändern. Sie ist in der Lage, sich von einem lokalen Optimum zu neuen Optima zu bewegen und damit einen neuen stabilen Zustand zu erreichen. Diese Fähigkeit der Veränderung finden wir in komplexen adaptiven Systemen. Komplexe adaptive Systeme beinhalten eine Sammlung von einfachen, interagierenden Einheiten. Diese Einheiten können sich selbstständig weiterentwickeln. Somit kann sich die Organisation durch die Evolution ihrer Einheiten an eine sich ändernde Umwelt anpassen. Die Organisation ist in der Lage, sich selbst zu erneuern.

2.4   Reframing

Dieser Abschnitt stellt Reframing als viertes Prinzip des Verhaltensorientierten Innovationsmanagements vor.

Reframing bedeutet Umdeutung im neuen Referenzrahmen. Jeder Mensch bemisst die Größe einer Herausforderung an einem Bezugsrahmen. Durch Änderung des Bezugsrahmens lässt sich die empfundene Größe des Problems verringern und neuer Einfluss gewinnen. Das schrittweise Einnehmen neuer Sichtweisen hilft, einem zunächst noch weit entfernt liegenden Ziel näher zu kommen.

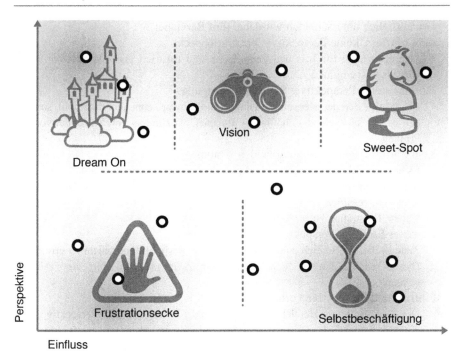

Abb. 2.7 Spielfeld der Motivation

Die Arbeitsweise des Reframing lässt sich am besten beschreiben anhand seiner ursprünglichen Anwendung: Das Umgehen von erlernter Hilflosigkeit.

2.4.1 Das Spielfeld der Motivation

Der Begriff „erlernte Hilflosigkeit" wurde 1967 von den Psychologen Martin E. P. Seligman und Steven F. Maier geprägt. Seligman zeigte zunächst an Tieren einen von außen regressiv erscheinenden Lernvorgang. Er erweiterte die Aussage anschließend auf Personen.

Nach Seligman beschreibt erlernte Hilflosigkeit den Zustand eines Individuums, das sich aufgrund erlebter, unkontrollierbarer Ereignisse in einem subjektiv eingeschränkten Handlungsspielraum befindet. In dieser Situation glaubt das Individuum keine Kontrolle mehr über die persönliche Weiterentwicklung zu besitzen.

In Anlehnung daran ergeben sich für die Beschreibung des individuellen Verhaltens zwei Dimensionen: Einfluss und Perspektive.

- Einfluss bezeichnet die Möglichkeit, sein eigenes Schicksal zu bestimmen.
- Perspektive ergibt sich aus dem Wunsch oder der Hoffnung, ein Ziel oder einen Zustand zu erreichen.

Die beiden Dimensionen Einfluss und Perspektive bilden die Achsen, an denen sich das „Spielfeld der Motivation" aufspannt. Auf diesem Spielfeld können Handlungsoptionen eingeordnet werden, siehe Abb. 2.7.

Grundsätzlich unterscheiden wir dabei fünf Bereiche:

1. Kein Einfluss, keine Perspektive: Frustrationsecke
   - Menschen ohne Einfluss und Perspektive sind frustriert und demotiviert. Arbeit wird als Last empfunden.
2. Einfluss, keine Perspektive: Selbstbeschäftigung
   - Beschäftigt sich der Mensch mit Dingen, die er zwar kann, aber nicht will, so handelt es sich um Selbstbeschäftigung. Beispiel: Putzfimmel von Studenten vor der Prüfung.
3. Kein Einfluss, Perspektive vorhanden: Traum
   - Es handelt sich um Ziele, die nicht erreicht werden können und in der gegebenen Situation unrealistisch sind. Der Versuch, auf direktem Wege diese Optionen zu erreichen, resultiert in Verschwendung von Zeit und Ressourcen. Es besteht die Gefahr, Frustration zu erzeugen.
4. Gewisser Einfluss, Perspektive vorhanden: Vision
   - Ziele in diesem Bereich sind mit den gegebenen Mitteln noch nicht zu erreichen. Diese Optionen können jedoch mit einem Zwischenschritt durchaus realisiert werden.
5. Einfluss und Perspektive vorhanden: Sweet-Spot
   - Optionen in diesem Bereich bedienen sowohl Einfluss als auch Perspektive. Die Ziele sind realistisch und gewünscht. Das Individuum ist maximal motiviert.

Befindet sich ein Individuum zu lange in der Frustrationsecke, so verkleinert sich sein Spielfeld der Motivation. Einfluss und Perspektive reduzieren sich. Nun verharrt der Mensch sogar dann in Passivität, wenn sich die Rahmenbedingungen geändert haben. Er ist erlernt hilflos geworden.

Hinweis: Es wurde festgestellt, dass Mitarbeiter in forschungsnahen Bereichen häufiger das Gefühl haben, Einfluss und Perspektive zu verlieren. Eine Ursache liegt darin, dass sie sich typischerweise mit Versuchen beschäftigen, deren Scheitern wahrscheinlicher ist als das Gelingen.

2.4.2   Fehlender Einfluss für Innovation

Der Begriff der „erlernten Hilflosigkeit" lässt sich im Zusammenhang mit Innovation nutzen. Dazu erweitern wir die Aussage von Individuen auf homogene Gruppen von Individuen, wie wir sie in vielen gewachsenen Organisationen oder Unternehmen vorfinden. Häufig werden Situationen von den Mitgliedern der Organisation ähnlich gedeutet und Ursachen für Ereignisse gleich erklärt. Wenn die Organisation den Wunsch zur Verbesserung besitzt und letztere schon oft, aber erfolglos, versucht hat, dann kann die Organisation in einen Zustand der Hilflosigkeit verfallen.

In Unternehmen mit lang anhaltendem Erfolg ist die Gefahr, durch einen plötzlich abbrechenden Erfolg in die „erlernte Hilflosigkeit" zu fallen, besonders groß. Lang andauernder Erfolg in einer stabilen Umgebung sorgt dafür, dass Unternehmen überzeugt sind, das ideale System gefunden zu haben. Solange sich die Umwelt nicht zu radikal ändert, kann das Unternehmen florieren. Doch eine Änderung der Umwelt ist früher oder später unausweichlich. Das Unternehmen ist dann aufgrund mangelnder Adaptionsfähigkeit in alten Handlungsmustern gefangen, aus denen es nicht mehr ausbrechen kann.

Ein Unternehmen, das lange Zeit unter seinen Möglichkeiten geblieben ist, verliert die Fähigkeit zur Erneuerung. Es verliert das Selbstbewusstsein, Mitarbeiter leiden unter Lethargie und fühlen sich emotional nicht von den Zielen des Unternehmens angesprochen. Das Unternehmen verfällt in Passivität. Die alten Stellhebel haben ihre Funktion verloren, während neue Stellhebel nicht bedient werden können.

Beispiel

Ein Unternehmen war über Jahrzehnte zum internationalen Konzern aufgestiegen. Wandel im Käuferverhalten wurden zu spät erkannt, zu lange wurde an veralteten Erfolgsmustern festgehalten. Es zeigte sich sogar, dass die Muster für den Erfolg in der Vergangenheit nie richtig verstanden worden waren. Das Unternehmen war unfähig die Krise zu bewältigen. Durch die vorherrschende Betriebsblindheit war das Unternehmen auf dem besten Weg erlernt hilflos zu werden.

Wie lassen sich erlernt hilflose Individuen oder Organisationen erkennen? Vier Kennzeichen lassen sich unterscheiden:
- Probleme und Veränderungen werden ignoriert: Zur Vermeidung notwendiger Veränderungen werden Gegenbeispiele gesucht.
- Probleme werden internalisiert: „Es liegt an uns".
- Probleme werden als übergreifend wahrgenommen: Alle (Lebens-) Bereiche werden als betroffen angesehen.
- Probleme gelten als permanent: „Es kann nichts geändert werden, es wird für immer anhalten."

Beispiel

In einem Unternehmen fühlten sich die Mitarbeiter gleichzeitig als Helden („wir haben damals…") und als Opfer („wir können nichts tun"). Mit dieser Haltung war es unmöglich, aus der Krise herauszukommen. Mitarbeiter, die sich damit nicht abfinden konnten, wurden als „Spinner" abgetan. Die anderen flüchteten sich in Selbstbeschäftigung und stürzten sich in belanglose Tätigkeiten.

Ein Unternehmen, das größere Innovationen umsetzen möchte, kann sich durchaus in einer ähnlichen Situation befinden wie ein gelernt hilfloses Unternehmen:
- Eingeschränkter Einfluss
  Innovationen gehen per se an die Grenzen des Einflusses der Organisation oder sogar über sie hinaus. Besitzt eine Organisation nicht genügend Einfluss, um eine Option auszuüben, so ist sie hilflos. Insofern sind viele Organisationen, die eine anspruchsvolle Innovation realisieren möchten, aufgrund ihres mangelnden Einflusses zunächst hilflos.

- Eingeschränkte Perspektive
  Innovation verunsichert Organisationen, denn Innovation geht immer mit dem
  Risiko des Versagens und des Misserfolgs einher. Wenn nun das Individuum oder
  die Organisationskultur nicht fehlertolerant sind, oder wenn die Innovationsziele
  nichts Geringeres als Quantensprünge erfordern, entsteht neben Angst und mangelnder Risikobereitschaft auch eine eingeschränkte Erfolgserwartung.

2.4.3 Bedeutung von Reframing für Innovation

2.4.3.1 Begriff

Der Begriff „Reframing" stammt aus der Psychologie. Er wurde ursprünglich von
Milton Hyland Erickson geprägt und im Zusammenhang mit der Hypnotherapie genutzt. Später wurde der Begriff erweitert und er findet heute Anwendung u. a. in der
neurolinguistischen Programmierung und der systemischen Therapie.

Ursprünglich bedeutete Reframing die Umdeutung eines Geschehnisses in einem
geänderten Bezugsrahmen. Durch die Umdeutung wird das Erlebte im Nachhinein
anders wahrgenommen. In der Analogie eines Bildes gesprochen: Der Inhalt des
Bildes wird anders gesehen, wenn der Rahmen verändert wird.

Das Prinzip des Reframing ist gerade im Zusammenhang mit Innovation besonders wertvoll. Wir nutzen den Begriff darum nicht nur in der Retrospektive. Bei
Innovation besteht eine enge Wechselbeziehung zwischen dem Rahmen und dem
Inhalt. Ein Verändern des Rahmens kann auf die Wahrnehmung des Inhalts wirken
und umgekehrt. So kann z. B. die Änderung des Geschäftsmodells ein Produkt auf-
werten, ohne dass zwangsläufig das Produkt erneuert werden muss. Andersherum
kann ein neues Produkt ein neues Geschäftsmodell ermöglichen. In einem anderen
Fall ist ein Entwicklungsteam in einem konservativen Unternehmen gefangen und
kann sich nicht entfalten, um ein innovatives Produkt zu entwickeln. Es kann jedoch ausreichen, den Rahmen zu ändern, z. B. durch eine Kollokation des Teams in
anderen Geschäftsräumen, um die Entwicklung zu beflügeln. Der erweiterte Begriff
des Reframing hilft uns, etliche der im Zusammenhang mit Innovation üblichen
Vorgänge besser zu verstehen und aktiv zu nutzen.

Im diesem Zusammenhang sei erwähnt, dass Erickson darauf hinweist, dass die
für die erfolgreiche Umdeutung notwendigen Ressourcen im Einzelnen meist schon
vorhanden sind. Diese Eigenschaft ist als „Utilisation" bekannt. In der Übertragung
auf Innovation scheint die gleiche Eigenschaft vorzuliegen. Gerade bei Gruppen,
die Innovation befähigen oder aufnehmen, sind die Ressourcen für die erfolgreiche Umdeutung zu finden. Sondert man z. B. ein Entwicklungsteam aus einem un-
fruchtbaren Umfeld aus und versetzt es in ein innovationsfreundliches Umfeld, so
zeigt sich der Wille zur Umorientierung in der Gruppe deutlich.

2.4.3.2 Den Bezugsrahmen ändern und den ersten Schritt gehen

Die Methode des Reframing wird leicht mit dem Herunterbrechen von großen
Sprüngen in viele kleine Schritte verwechselt. Dabei läuft ein grundsätzlich ande-

rer Mechanismus ab: Bei einer Änderung des Bezugsrahmens können aus kleinen Schritten große Sprünge werden.

Technologie-Enabler

Zitat:

> Auf einmal traut uns der Kunde zu, dass wir die neue Technologie beherrschen. Entwicklungsleiter

Herausforderung: Der Automobilzulieferer will sich neue mechatronische Technologie aneignen, um in Zukunft adaptive Systeme anbieten zu können. Der Automobilhersteller traut dem Lieferanten die deutlich komplexeren adaptiven Systeme nicht zu.

Lösungsansatz: Der Lieferant entwickelt ein neues Produkt, welches zwar die mechatronischen Technologien verwendet, jedoch die Fähigkeiten der Technologie nicht annähernd nutzt. Das Produkt ist dafür ausgesprochen robust.

Ergebnis: Der Automobilhersteller testet das neue Produkt des Lieferanten ausgiebig. Das Produkt bewährt sich und der Lieferant wird für mechatronische Technologien qualifiziert. Damit ist für den Lieferanten die Tür beim Automobilhersteller geöffnet, auch deutlich komplexere adaptive Systeme zu liefern.

Erklärung: Durch Reframing wurde aus dem kleinen Schritt der Produktqualifizierung der große Sprung in neue technologiebasierte Funktionalität.

Prinzipien	Managementebene	Managementphasen				Schwierigkeit
⊛	**Unternehmen**	**Ziel**	**Plan**			**mittel**

Ein Weg, um mehr Einfluss und neue Perspektiven zu gewinnen, besteht darin, den Bezugsrahmen zu ändern. Die langfristigen Ziele bleiben die gleichen, aber der Scope, d. h. der Geltungsbereich, und das kurzfristige Ziel ändern sich. Der Scope muss so gelegt werden, dass große Hoffnung besteht, erfolgreich zu sein, d. h. das kurzfristige Ziel sollte im „Sweet-Spot" liegen (vgl. Abb. 2.7 und 2.9).

Mit dem erfolgreichen Umsetzen des kurzfristigen Ziels wächst der Einfluss der Organisation und die Hilflosigkeit kann überwunden werden. Anschließend kann das langfristige Ziel angegangen werden. Es steht nun mit dem Einfluss und der Perspektive des Unternehmens in Einklang, es hat sich durch das Reframing in den Sweet-Spot verschoben.

Es zeigt sich ein bedeutender Unterschied zwischen der Arbeit in der Frustrationsecke und der Arbeit im Sweet-Spot. Untersuchungen weisen darauf hin, dass

Abb. 2.8 Änderung des
Bezugsrahmens

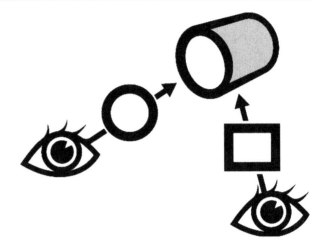

die Leistung von Mitarbeitern, die entsprechend ihrer Stärke eingesetzt werden, auf
das Achtfache steigt (Rath und Harter 2010). Zum Glück befinden sich nur wenige
Mitarbeiter und Organisationen in der Frustrationsecke – doch die Überlegungen
dazu verdeutlichen, wie wichtig es ist, den Bezugsrahmen so zu verschieben, dass
die (Zwischen-)Ziele im Sweet-Spot liegen und damit ein Erfolgserlebnis näher
rückt, siehe Abb. 2.8.

Systematisches Erfinden
Zitat:

> Wer hätte das gedacht, dass wir in so kurzer Zeit so viele Ideen generieren und diese
> dann auch noch zu belastbaren Arbeitspaketen schnüren? Teilnehmer des Workshops

Herausforderung: Der Automobilhersteller hatte sich zur Aufgabe gemacht,
neue Innovationen im Fahrzeug zu erschließen. Dazu wurde ein zweitägi-
ger Workshop mit 24 Teilnehmern aus verschiedenen Funktionsbereichen der
eigenen Organisation veranstaltet (Vertrieb, Marketing, Entwicklung, Produktion, …).
Jedoch bestand die Gefahr, dass die Beteiligten in ihren bisherigen Denk-
mustern verhaftet blieben. Insbesondere die bereits erfolgreich entwickelten
Fahrzeuge definierten den gängigen Referenzrahmen. Auch der Stand des
eigenen Marktsegments, das in den vergangenen Jahrzehnten so intensiv
behauptet worden war, wurde immer wieder für Beurteilungen als Maßstab
herangezogen. Und schließlich bestand der Anspruch der Vernetzung im
Gegensatz zur herkömmlichen Orientierung nach Baugruppen im Fahrzeug.

Lösungsansatz: Um den Blick für neue Möglichkeiten der Vernetzung zu öffnen, wurden drei Schritte des Reframing angewendet:

Die Workshop-Teilnehmer versetzten sich in die Kunden und deren Situationen hinein. Sie beleuchteten die Schritte von der Anschaffung bis zur Entsorgung des Fahrzeugs. Aus dieser Perspektive heraus beschrieben sie klar abgrenzbare und operativ greifbare Situationen. Mit diesem Wissen wurde untersucht, wie das Interesse des Kunden durch das Automobilunternehmen positiv gestaltet werden könnte.

Bei der Bewertung der Gestaltungsvorschläge wurde ganz bewusst der Vergleich mit allen Wettbewerbern der gesamten Automobilbranche angestellt, nicht nur mit den Konkurrenten des eigenen Marktsegments.

Bei der abschließenden Verdichtung der bewerteten Gestaltungsansätze wurde eine Clusteranalyse angewendet, die ausschließlich mit den Beziehungen zwischen den innovativen Vorschlägen arbeitete.

Ergebnis: Mit über 500 unterschiedlichen Fahrsituationen wurden die Erwartungen der Teilnehmer bei Weitem übertroffen. Der erweiterte Vergleich mit allen Anbietern trug dazu bei, dass ca. 200 Möglichkeiten der Alleinstellung identifiziert wurden. Die strukturunabhängige Clusteranalyse grenzte elf Leistungspakete mit kommunizierbaren kundenwerten Vorteilen ab, die als Leitfäden für die weitere Bearbeitung des neuen Innovationsfeldes dienten.

Erklärung: Durch Reframing wurde ein Perspektivwechsel von der Welt der Technik in die Sicht des Kunden möglich. Durch die neue gemeinsame Sichtweise wurde jeder Teilnehmer in die Lage versetzt, sich konstruktiv und gleichwertig beteiligen zu können. Die Verknüpfung von Technik und Markt bildete die Ausgangsbasis für die Entdeckung weiterer noch unbekannter kundenwerter Vorteile. In vielen Fällen erfolgte eine Bewusstmachung der eigenen bereits vorhandenen Fähigkeiten. Wider Erwarten konnten mehr kundenwerte Optionen realisiert werden als zunächst vermutet.

Prinzipien	Managementebene	Managementphasen			Schwierigkeit
⊛	**Einzelprojekte**		**Plan**		**schwer**

2.4.3.3 Reframing gibt die Möglichkeit sich im Spielfeld der Motivation zu bewegen

Nicht immer lässt sich das langfristige Ziel mit einem einzigen Reframing-Schritt erreichen. In diesem Fall können wir Reframing auch mehrmals hintereinander anwenden.

Der erfolgreich absolvierte erste Reframing-Schritt hat ein Gefühl des Erfolgs erzeugt. Hieraus erwachsen die Motivation und die Kraft, den nächsten Schritt (Frame) anzugehen und damit ein nächstes Zwischenziel zu erreichen. Das langfristige Ziel wird somit über weniger anspruchsvolle, kurzfristig erreichbare Zwischenziele verwirklicht. Es werden viele kleine Schritte hintereinander ausgeführt. Der

Bezugsrahmen wird jeweils solange geändert, bis sich das Zwischenziel nahe am Sweet-Spot befindet. Über das Bauen einer Brücke aus Zwischenschritten wird man somit in die Lage versetzt, jeden Punkt im Spielfeld der Motivation zu erreichen. Gelingt es nicht, das Zwischenziel zu erreichen, so verliert man den Zugang, bis sich die Rahmenbedingungen wieder geändert haben. Im Erfolgsfall ist die Basis dafür geschaffen, das nächste Ziel anzugehen.

Beispiel

Ein Unternehmen verpasste den Technologiewandel in seiner Branche. Eine Ursache war, dass es zu lange an veralteten Kernkompetenzen festhielt. Das Ziel „Aneignung der erforderlichen neuen Kernkompetenz" befand sich immer in der Frustrationsecke aus geringer Perspektive und fehlendem Können. Somit war es attraktiver, die alte Kernkompetenz zu belassen als eine neue Kernkompetenz aufzubauen. Das Unternehmen wurde erlernt hilflos. Mit Reframing wäre es möglich gewesen, schrittweise die neue Kompetenz aufzubauen und sich dynamisch der veränderten Branche anzupassen.

Je mehr man das Reframing wiederholt, desto näher kommt man seinen Zielen, desto motivierter wird man, und desto weiter erstreckt sich das Spielfeld der Motivation aus Einfluss und Perspektive. Die Organisation erlangt mit geschickter Nutzung von Reframing die Fähigkeit, sich aus jedem Punkt im Spielfeld der Motivation zielgerichtet dem Sweet-Spot zu nähern. Die Hilflosigkeit ist überwunden.

Jeden Tag ein wenig besser
Zitat:

> Bisher warteten wir auf den großen Erfolg immer drei Jahre lang – heute wissen wir jeden Tag, dass wir morgen schon ein wenig erfolgreicher sind. Leiter Entwicklung

Herausforderung: Der Erfolgsdruck, der auf dem Unternehmen lastete, war groß. Der Aufsichtsrat und der Vorstand kommunizierten die Erwartung an das Unternehmen, dass sich viel ändern müsse und große Dinge vom Management und der Belegschaft zu leisten seien. Man verstand die Erwartung als Herausforderung, in großen Schritten Innovationen hervorzubringen und Änderungen voranzutreiben. Große Schritte sind meist jedoch auch mit hohem Aufwand und hohem Risiko verbunden und nur über lange Zeit zu erreichen. Die gestellten Erwartungen lösten daher verständlicherweise bei der Belegschaft und dem Management Druck aus und steigerten die Angst zu versagen. Die Motivation bei den Mitarbeitern verschlechterte sich und der Erfolg wurde in Frage gestellt.

Lösungsansatz: Nach dem Prinzip „der Weg ist das Ziel" hat man sich aufgemacht und jeden Tag nur das getan, was schon am nächsten Tag Wirkung zeigt. Dadurch war es möglich, den Erfolg einer kleinen Änderung bereits am darauffolgenden Tag spürbar zu machen. Gleichzeitig wurde jede Aufgabe für die Beteiligten überschaubar und realisierbar. Keiner hatte mehr den Eindruck an einer Aufgabe zu versagen. Die Motivation wuchs und der Erfolg der vielen kleinen Aktionen zeigte bald eine für viele Beteiligte sichtbare Verbesserung.

Ergebnis: Der gewünschte Quantensprung konnte geleistet und das Projekt erfolgreich abgeschlossen werden. Das Ergebnis setzte sich aus vielen einzelnen Puzzleteilen zusammen, die alle für sich einfach zu handhaben und überschaubar waren.

Erklärung: Durch die Kombination von Reframing, Innerem Kompass und Rhythmus ergab sich der gewünschte Quantensprung inkrementell und emergent. Mit vielen kleinen Schritten wurde die Angst vor Versagen und Veränderung abgebaut und die Motivation und die Erfolgswahrscheinlichkeit deutlich gesteigert. Der Erfolg der vielen kleinen Schritte wurde sichtbar und die bis dahin bestehende Hemmung vor größeren Änderungen und Innovationen wich. Das langfristige Ziel diente als Innerer Kompass.

Prinzipien	Managementebene	Managementphasen			Schwierigkeit
🌐	**Ressourcen**		**Org.**		**schwer**

2.4.3.4 Das Spielfeld der Motivation ist dynamisch

Die Erreichung eines Zwischenziels ist an sich bereits positiv. Es gibt jedoch noch einen weiteren interessanten Effekt. Mit jedem erreichten Zwischenziel erhöht sich die Wahrscheinlichkeit für einen nächsten, etwas weitergehenden Erfolg. Das Erreichen eines Zieles innerhalb eines kleineren Scopes erhöht die Wahrscheinlichkeit, überhaupt Erfolg zu haben. Dieser Erfolg wiederum verbessert die Wahrscheinlichkeit, im großen Scope erfolgreich zu sein. Das Spielfeld der Motivation ist dynamisch.

Beispiel

Ein ambitionierter Freizeitsportler hat sich Laufschuhe gekauft und beginnt mit ersten Laufübungen. Ein 10-km-Lauf ist zunächst noch völlig außerhalb der Reichweite. Die Perspektive ist da, aber der erforderliche Einfluss fehlt. Hat er jedoch einen 2 km- und einen 5-km-Lauf erfolgreich bestritten, so gewinnt er Einfluss. Jetzt bewegt sich der 10 km- Lauf in den Bereich des Machbaren. Das Spielfeld hat sich verändert und neue Optionen gelangen in seinen Einflussbereich.

Das bedeutet, die Erfolgswahrscheinlichkeiten sind sowohl mit den Zielen als auch mit dem Scope verknüpft. Zusätzlich ändern sich die Erfolgswahrscheinlichkeiten

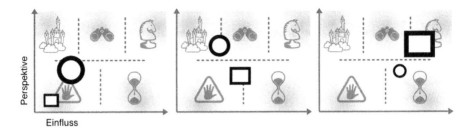

Abb. 2.9 Dynamisches Spielfeld der Motivation

anderer, noch nicht aktivierter Handlungsoptionen. Die Ausgangsoptionen für das Reframing und auch die anderen Optionen bewegen sich (siehe Abb. 2.9).

Beispiel

Der nun trainierte Läufer kann jetzt auch andere Ausdauersportarten besser betreiben und sich in Richtung Schwimmsport weiterentwickeln oder mit dem Rad zur Arbeit fahren.

2.4.3.5 Das Glück ist mit dem Tüchtigen

Die meisten Organisationen sind durch Innovation gefordert, ihren Einfluss deutlich auszubauen. Mit der Methode des Reframing haben Sie die Dynamik der eigenen Entwicklung in der Hand. Sie können die Dynamik gestalten und auch prophylaktisch zum eigenen Vorteil nutzen. Kleine Änderungen sind mit geringeren Risiken und Ängsten sowie mit höheren Erfolgswahrscheinlichkeiten verbunden. Das bedeutet, mit Ängsten und Veränderungen kann gezielter umgegangen werden. Ein geänderter Blickwinkel sorgt dafür, dass Sie andere Optionen überhaupt erst erkennen können. Serendipität („give chance a chance") lässt sich gezielt nutzen (Weisenfeld 2009; Dew 2009). Kombinieren Sie Reframing mit Rhythmus, ergibt sich ein mächtiges Werkzeug für den Prozess der ständigen Erneuerung.

Quick Win

Zitat:

> Bislang mussten wir auch neue und unerprobte Lösungen gleich in Serienprodukte einbringen – jetzt können wir neue Lösungen endlich vorentwickeln. Leiter Entwicklung

Herausforderung: Die Dynamik im Markt war gestiegen. Der Wettbewerb bediente den Kunden immer schneller mit neuen Produkten und Technologien. Das Unternehmen, ehemals Marktführer, war ins Hintertreffen gelangt. Man hatte sich daran gewöhnt, erfolgreich zu sein, so dass es umso mehr verwunderte, dass der Wettbewerbsvorsprung deutlich kleiner wurde. Dass ein

Produkt scheitern könnte, war ein Tabu. Folglich wurden auch Projekte mit zu hohem technischen Risiko entwickelt. Der Entwicklung fiel es leichter, eine Neuentwicklung irgendwann als unattraktiv zu bewerten und abzubrechen, als vorab Vorentwicklung zu betreiben. Letztere hätte geholfen, Risiken frühzeitig zu erkennen und nicht realisierbare Projekte gar nicht erst in die Serienentwicklung kommen zu lassen.

Lösungsansatz: Neue Technologieoptionen für Produkte wurden gesammelt, bewertet und anschließend in einem Vorentwicklungsportfolio abgebildet. Anstatt die für das Unternehmen besonders wichtigen und dringenden Projekte zu selektieren, wurden zunächst nur die einfachsten Projekte mit sichtbarem Erfolg ausgewählt.

Ergebnis: Mit den vielen kleinen Vorentwicklungsprojekten wurde der Umgang mit Risiken geübt. Nach einiger Zeit konnten dann größere und komplexere Projekte in die Entwicklung gebracht und damit der Schwierigkeitsgrad erhöht werden. Ein Misserfolg wurde nicht mehr als Unfähigkeit der Entwicklung gesehen, sondern als Lernerfolg gewertet. Das Unternehmen bekam ein Gefühl für die Einschätzung von Risiken und den Umgang mit Fehlern und konnte den notwendigen Technologiesprung angehen.

Erklärung: Durch Reframing und Stellhebel wurde der Blickwinkel bewusst geändert. Es wurden nun Projekte verfolgt, die nicht mehr eine maximale Wirkung aus Kundensicht besitzen, sondern Projekte, die als „quick wins" besonders leicht erfolgreich abgeschlossen werden können. Voraussetzung und Ergebnis zugleich ist die Steigerung der Ehrlichkeit sich selbst und seinen Fähigkeiten gegenüber.

Prinzipien	Managementebene	Managementphasen			Schwierigkeit
☺ ☻	**Portfolio**	**Plan**			**mittel**

2.5 Impuls

In diesem Abschnitt geht es um das fünfte Prinzip für verhaltensorientierte Innovation, den Impuls. Wir definieren das Impuls-Prinzip als das gezielte Erzeugen und Nutzen von gerichteter Motivation in einem System, um Energie zu gewinnen und Flow zu erzeugen.

Impuls ist das Prinzip, welches wir anwenden können, wenn wir uns die anderen Prinzipien angeeignet haben. Erst dann, wenn wir mit Rhythmus den innovativen Puls in der Organisation gefunden haben, die Stellhebel kennen und beherrschen, den Inneren Kompass als emotionale Wegleitung fühlen und uns durch Reframing nach dem Sweet-Spot strecken können, erst dann haben wir die notwendige

Erfahrung, Impulse gezielt zu setzen und zur Innovation zu nutzen. Die Wirkung der Impulse ist die Vorbereitung und das Warten wert. Denn mit dem Impuls-Prinzip sind erstaunliche Innovationsleistungen möglich. Zum Beispiel können Sie eine neue Kamera in 3 Wochen entwickeln oder ein über 400-seitiges Fachbuch in einer Woche schreiben und dabei sogar Spaß haben!

Das Impuls-Prinzip ist eigentlich ganz einfach. Wir gehen davon aus, dass Innovation ein angeborenes Bedürfnis jedes Menschen ist. Durch unsere Konditionierung und Anpassung in Gesellschaft und Organisation ist unser Innovationsbedürfnis für viele von uns verdeckt und schwer zugänglich. Wir sind innovationsblockiert. Dagegen ist der Impuls ein besonderer Cocktail von Gefühlen, welcher die Blockade beseitigt und uns wieder so beflügelt, wie die Natur es vorgesehen hat.

Bevor wir uns also die Frage stellen: „Was kann meine Organisation zur Innovation bewegen?", sollten wir uns zunächst einmal bewusst machen, was eine erfolgreiche Organisation davon abhält, zu innovieren.

2.5.1 Dominante Logik im erfolgreichen Unternehmen

Erfolg geht an keiner Organisation spurlos vorüber. Für jeden Einzelnen ist Erfolg ein Maß an Bestätigung und Anerkennung für die eigene Leistungsfähigkeit. In erfolgreichen Organisationen ist es leicht sichtbar, dass Erfolg verwöhnt. Was nicht so sichtbar ist, ist der schleichende Prozess der Verhärtung, den eine erfolgreiche Organisation mitmacht, und der, wenn er unbemerkt bleibt, die Anpassungs- und Innovationsfähigkeit der Organisation deutlich schmälern kann. Das Ergebnis des schleichenden Verhärtungsprozesses wird als „dominante Logik" bezeichnet.

Der Begriff „dominante Logik" wurde von Bettis und Prahalad (1993) geprägt. Er bezeichnet das konforme und selbstverstärkende Denken in Organisationen. Der Einfluss der dominanten Logik hat eine Organisation möglicherweise zunächst geformt, führt jedoch auf Dauer dazu, dass sie sich zunehmend von der Außenwelt abschottet.

Gerade im Zusammenhang mit Innovation hat dominante Logik eine große Bedeutung. Die dominante Logik bewirkt, dass homogene Gruppen eine Neigung zur kollektiven Wahrnehmung besitzen, die sich mit der Zeit noch verstärkt. Eine Gruppe wird in extremen Situationen eine Zustimmung von über 90 % bei Attributen geben, d. h. Situationen werden von den Mitgliedern der Gruppe ähnlich gedeutet und Ursachen für Ereignisse fast gleich erklärt.

Unter dem Einfluss der dominanten Logik wird sich ein Unternehmen zu einer zunehmend homogenen Gruppe entwickeln, die sich schon fast wie ein einheitliches Individuum verhält.

Es sei angemerkt, dass die Homogenität einer Gruppe nicht zwangsläufig ein Nachteil ist. In vielen Situationen ist eine homogene Gruppe effizienter als eine heterogene Gruppe. Im Zusammenhang mit Innovation jedoch ist eine homogene Gruppe tendenziell ineffektiver und vor allem inflexibler als ihr heterogenes Gegenstück (Henneke und Lüthje 2007).

2.5.2 Mechanismen zum Herauslösen aus konformem Verhalten

Viele Unternehmen mit langer und von Erfolgen geprägter Geschichte zeigen ihnen eigene und gewachsene Verhaltensmuster. Das konforme Verhalten wirkt sich auch auf den Umgang mit Innovation aus. Es ist faszinierend zu beobachten, dass es dabei deutliche Parallelen zwischen einzelnen Personen und konform agierenden Unternehmen gibt.

Bei einer Einzelperson reicht es meist nicht aus, dass sie einen signifikanten Unterschied erkannt hat zwischen dem, was sie heute ist, und dem, was sie morgen sein will. Es muss schon ein besonderer Trigger hinzukommen, der aus der Erkenntnis ein starkes Bedürfnis macht. Der Auslösemechanismus besteht in der Regel aus einem für die Person bewegenden Wechsel von Gefühlen.

Wir sehen uns zunächst einmal die Auslösemechanismen bei Einzelpersonen an, wobei dort schon Parallelen zum Gruppenverhalten deutlich werden.

2.5.2.1 Gefühlswechsel als Trigger: Anspannung und Entspannung

Der Übergang zwischen Anspannung und Entspannung ist ein Gefühlswechsel, der dazu dienen kann, das Leistungsoptimum zu finden. Der Wechsel zwischen Anspannung und Entspannung ist als Mechanismus bekannt und wird unter anderem im Leistungssport genutzt.

Das Leistungsvermögen ist bei jedem Menschen sehr veränderlich. Es hängt von der Höhe der emotionalen Aktiviertheit ab. Bei Unterforderung bleibt der Mensch hinter seinen Möglichkeiten zurück – es entsteht ein Leistungsleck. Durch ein gesundes Maß an emotionaler Aktiviertheit kann die Leistung bis zu einem Spitzenwert gesteigert werden. Erhöht sich das Erregungsniveau über das erforderliche Maß, sinkt die Leistung wieder ab (Yerkes und Dodson 1908).

In vielen Fällen reicht schon der Wechsel zwischen Anspannung und Entspannung als Trigger für innovatives Verhalten aus. In anderen Fällen löst der Wechsel zwischen zwei besonderen Angstgefühlen das innovative Verhalten aus. Bevor wir uns die Angstgefühle genauer ansehen, sei darauf hingewiesen, dass Angst sowohl eine konstruktive wie auch destruktive Seite hat. Angst kann ein großer Motivator sein und ist nicht nur hemmend, wie populär gerne unterstellt wird.

2.5.2.2 Starke Gefühle – der ursprüngliche Angst-Begriff

Aus der Kognitiven Psychologie (Ellis 2003) kennen wir zwei grundlegend unterschiedliche Angstzustände: die Existenzangst (Ego-Anxiety) und die Komfortangst (Discomfort-Anxiety).

Bei der Existenzangst handelt es sich um das Angstgefühl, welches mit dem möglichen Versagen oder gar einer existenziellen Bedrohung einhergeht. Beispiele für Auslöser der Existenzangst sind die Vorahnung lebensbedrohlicher Situationen, aber auch die Sorge um den Verlust des nächsten Auftrags.

Die Komfortangst ist das Gefühl der Bedrängnis, das wir erfahren, wenn wir uns genötigt sehen, unsere Komfortzone zu verlassen. Immer wenn ich meinen inneren Schweinehund überwinden muss, bevor ich loslege, habe ich eine Begegnung mit der Komfortangst gemacht. Eine mangelnde Toleranz gegenüber länger ausbleibender Belohnung führt zu Komfortangst.

Die Kognitive Psychologie lehrt uns, dass das Gefühl der Angst von der individuellen Wahrnehmung jedes Einzelnen abhängt. Was der eine als Komfortverlust
erfährt, kann für den anderen schon den Verlust des Selbstwertgefühls und damit
Existenzangst bedeuten.

E-Mail Countdown

Zitat:

> Ohne den E-Mail Countdown hätte das Projekt nicht gestartet werden können. Mit-
> arbeitern und Unternehmen wären großartige Ergebnisse entgangen. Koordinator
> Vorentwicklung

Herausforderung: Ein wichtiges und unternehmenskritisches Projekt sollte
am Stichtag gestartet werden. Alle Startvorbereitungen waren erfüllt. Lediglich ein Abteilungsleiter sah keine Möglichkeit einen Mitarbeiter mit den
erforderlichen Kompetenzen für das Projekt abzustellen, da alle Mitarbeiter
in dringende Arbeiten eingebunden waren. Damit drohte das Projekt bereits
vor dem Start zu scheitern.

Lösungsansatz: Das unternehmenskritische Projekt zu beginnen, obwohl
wichtige Kompetenzen fehlten, hätte bedeutet, den Erfolg von vornherein
in Frage zu stellen. Damit wollte man sich nicht zufrieden geben. Es wurde
daher ein „E-Mail Countdown" gestartet, in dem die noch für den Projektstart
erforderlichen Voraussetzungen aufgelistet und leuchtend rot markiert wurden. Diese Liste wurde regelmäßig aktualisiert und zunächst täglich, in den
letzten Tagen vor dem Projektstart stündlich an die Verantwortlichen und die
Geschäftsführung verschickt. Deutlich enthalten war der Hinweis, dass, bei
einem Fehlen der benötigten Ressourcen zum Projektstart am Stichtag, das
Projekt nicht begonnen werden würde.

Ergebnis: Einen Tag vor dem Projektstart fand der Abteilungsleiter eine
außergewöhnliche Lösung: Er delegierte sich selber ins Team. Das Projekt
konnte zum vereinbarten Termin starten und wurde mit großem Erfolg binnen
zwei Wochen abgeschlossen.

Erklärung: Durch den Druck wurde in diesem Beispiel zunächst die Dringlichkeit aufgebaut (create a sense of urgency). Durch das Vorführen wurde der
Druck soweit gesteigert, dass aus dem anfänglichen Komfortverlust (Komfortangst) für den Abteilungsleiter ein möglicher Selbstwertverlust (Existenzangst) wurde. Der plötzliche Wechsel beflügelte den Abteilungsleiter zur
innovativen Lösung.

Prinzipien	Managementebene	Managementphasen			Schwierigkeit
☮	Portfolio		Plan		schwer

2.5.2.3 Begriffserweiterung für Innovation

Die Begriffe der Existenz- und Komfortangst beziehen sich auf Individuen. Um sie auch für Innovation konstruktiv nutzen zu können, müssen wir die Begriffe erweitern. Die oben beschriebene dominante Logik rechtfertigt eine Ausweitung des Konzepts von Individuen auf konforme Organisationen.

In vielen gewachsenen Organisationen oder Unternehmen finden wir deutlich spürbar ein angeglichenes Verhalten vor. Situationen werden von den Mitgliedern der Organisation ähnlich wahrgenommen. Obwohl jeder Einzelne ein Ereignis anders sehen könnte, dominiert die kollektive Sichtweise.

Beispiel

Ein Segelboot ist einem starken Sturm ausgesetzt. Seine Besatzung bleibt ruhig und fühlt sich sicher, solange der Kapitän klare Anweisungen gibt und am Erfolg der Fahrt keinen Zweifel aufkommen lässt. Umgekehrt wird die Besatzung um Leib und Leben fürchten, wenn der Kapitän selbst Unruhe und Unsicherheit ausstrahlt.

Gerade für Innovation ist es daher wichtig, die Begriffe Existenzangst und Komfortangst um den kollektiven Aspekt zu erweitern.

Selbst wenn der Einzelne die Angst vielleicht nicht verspürt, so können wir uns als Gruppe der Existenzangst kaum entziehen. Das Gleiche gilt für die Komfortangst. Mangelnde Toleranz gegenüber Frustration ist etwas, was wir aus unserem Umfeld zum großen Teil unbewusst aufnehmen. Gerade in erfolgsverwöhnten Unternehmen sind Aktion und Belohnung nicht mehr spürbar miteinander verbunden. Wenn die Belohnung dann, zum Beispiel durch eine Krise beeinflusst, plötzlich ausbleibt, fühlen wir uns in Bedrängnis.

2.5.2.4 Umgang mit Angst: konstruktive Angst

Der Umgang mit der Angst ist stark durch die Organisationskultur vorgegeben. Der vom Chef ausgeübte Druck arbeitet in der Regel mit der Komfortangst des Mitarbeiters und kann relativ häufig „genutzt" werden. Die Existenzangst wird typischerweise wenig erfahren, in vielen Unternehmen sogar eher verdrängt. Der Umgang mit der Existenzangst will darüber hinaus geübt sein. Angst löst beim Individuum das Bedürfnis nach Flucht oder nach Kampf aus, bekannt auch als „fight or flight" (Cannon 1975). Nur durch ausgeprägtes Üben kann in einer Organisation sichergestellt werden, dass die Existenzangst den Gruppenzusammenhalt fördert und nicht zerstört.

Gerade das Herausbringen der konstruktiven Seiten der Angst setzt ein gewisses Training voraus (Panse und Wilmsdorff 2010).

2.5.3 Impuls für Innovation

Wie bei einer Einzelperson reicht es im konformen Unternehmen meist nicht aus, dass es einen signifikanten Unterschied erkannt hat zwischen dem, was es heute ist,

und dem, was es morgen sein will. Auch hier muss ein besonderer Auslöser hinzukommen, der aus dieser Erkenntnis ein starkes Bedürfnis macht.

Hier zwei Beispiele, die zeigen, was passiert, wenn der Impuls fehlt oder nicht
stark genug ist:

- Für die Entwicklung eines besonders innovativen Produktes benötige ich einige der besten Entwickler aus einem anderen Geschäftsbereich. Der andere Geschäftsbereich profitiert selbst nicht vom Produkt. Im regelmäßigen Review der
Geschäftsbereiche gäbe der Leiter des anderen Geschäftsbereichs daher eine
schlechte Figur ab. Weshalb sollte er mir also seine besten Entwickler geben?
- Ein neuer Geschäftsbereich soll entstehen. Es ist klar, dass dieser in der Start-
phase auf Unterstützung und Investition angewiesen sein wird. Nach zwei Jahren wechselt die Unternehmensleitung, gibt dem Druck nach schnellem Gewinn
nach und schließt als erstes den neuen, sich gerade erhebenden Geschäftsbereich.

Der typische Manager in einem Unternehmen befasst sich weniger als 3 % seiner
Arbeitszeit mit dem Aufbau der Unternehmensperspektive für die Zukunft (Hamel
und Prahalad 1994; bestätigt durch Mankins 2004). Der Druck, heute Leistung zu
zeigen, lässt ihn die Zukunft in weiter Ferne erscheinen. Erst die plötzliche Sorge
um die eigene oder die Unternehmensexistenz in der Zukunft löst den Trigger für
deutlich innovatives Verhalten aus. Der Wechsel von der Komfort- zur Existenzangst ist ein starker Trigger für Innovation.

Zielvereinbarungen und Abbruchkriterien

Zitat:

> Die klare Zielsetzung und schriftliche Fixierung vor Projektbeginn haben das
> Bewusstsein der Mitarbeiter verbessert und gleichzeitig die Motivation gesteigert.
> Projektleiter

Herausforderung: Innovation ist mit Risiken verbunden. Für ihre Realisierung werden begrenzt verfügbare Ressourcen gebunden. Damit wichtige Ressourcen nicht unnötig an weniger lukrative Projekte gebunden werden, wollte
das Unternehmen frühzeitig Risiken identifizieren und diese bei Entscheidungen über Projektfortsetzung oder -abbruch berücksichtigen.

Lösungsansatz: Vor Projektbeginn wurden klare Zielvereinbarungen festgelegt, welche die Aufgaben und Erwartungen an das Projekt beschrieben. Die
Ziele verbesserten das gemeinsame Verständnis von Projektteam und Vorstand. Den Teilnehmern wurde deutlich, wozu sie sich bereiterklärten und
welche Ergebnisse sie zu erbringen hatten. Gleichzeitig repräsentierte die
Zielvereinbarung die offizielle Autorisierung des Top-Managements für die
Umsetzung des Projektes. Klare Abbruchkriterien in den Zielvereinbarungen
entlasteten das Team und erhöhten die Bereitschaft sich auf das Abenteuer
einzulassen.

Ergebnis: Die vorherige Festlegung von Zielen im Kreis der beteiligten Personen und Unternehmensbereiche erhöhte die Akzeptanz für das Projekt im Unternehmen. Sich auf klare Ziele festzulegen, fiel den Teilnehmern entschieden einfacher und machte klar, was verlangt wurde. Zusätzlich bot die Zielvereinbarung einen Referenzmaßstab für die Teilergebnisse. Bei zu starker Abweichung der Teilergebnisse von der Zielvereinbarung konnte frühzeitig eingegriffen oder das Projekt beendet werden. Gleichzeitig forderte die bewusste Auseinandersetzung mit den Zielen eine kontinuierliche Risikoeinschätzung durch das Team.

Erklärung: Durch Einsatz des Impulsprinzips wurden Wichtigkeit und Brisanz des Projekts unterstrichen. Erst durch das Bewusstmachen des möglichen Versagens wird die hohe Anforderung klar erkennbar. Jedem am Projekt Beteiligten ist klar, dass nur durch gemeinsame Anstrengungen das Projekt überhaupt eine Chance hat: „Alle sind in einem Boot". Ein einseitiger Rückzug ist kaum möglich. Darüber hinaus ist sichergestellt, dass keiner der Beteiligten Schaden nehmen muss.

Prinzipien	Managementebene	Managementphasen				Schwierigkeit
⟨⁄⟩	Einzelprojekte				Strg.	mittel

2.5.4 Was Verantwortung mit konstruktiver Angst zu tun hat

Der Übergang zum innovativen Unternehmen ist durch viele kleine Schritte gekennzeichnet, in denen Mitarbeiter und Gruppen vom Zustand der Nur-Betroffenen zum Zustand der Beteiligten wechseln. Um diesen Wechsel zu beschreiben, lassen Sie uns zunächst einmal die zwei Zustände beschreiben, bevor wir uns dem Übergang vom einen zum anderen widmen.

2.5.4.1 Der komfortable Zustand des Nur-Betroffen-Seins

„Wenn ich pünktlich zur Arbeit komme, dann kann mir auch keiner verwehren, dass ich pünktlich gehe. Darauf bestehe ich, denn erst nach der Arbeit beginnt mein wirkliches Leben. Mein Gruppenleiter macht mir Druck, aber letztendlich weiß ich, dass er eigentlich auch nur bei seinem Chef nicht auffallen möchte. Letzterer versucht die Gruppenleiter gegeneinander auszuspielen. Aber an unsere Gruppe kommt er nicht ran. Wir halten zusammen."

So könnte sich die Situationsbeschreibung in einer Organisation anhören, in der Druck als Führungsmittel und auch dem Gruppenzwang dient. Das Beispiel illustriert, wie Druck Komfortangst erzeugt, der die Mitarbeiter zum notwendigen Verhalten zwingt. Eine Identifikation mit den wirklichen Bedürfnissen der Organisation wird jedoch verhindert. Andersherum führt die fehlende Identifikation dazu, dass nur mit Druck das notwendige Verhalten gefordert werden kann. Druck und fehlende Verantwortung scheinen sich gegenseitig zu bestätigen.

2.5.4.2 Der glückliche Zustand des Beteiligt-Seins

Wir hoffen, Sie kennen auch Beispiele von Unternehmen und Organisationen, wo es ganz anders zugeht. Wenn in Ihrer Organisation die Mitarbeiter nicht nur betroffen, sondern auch beteiligt sind, dann ist das Verständnis für die Bedürfnisse der Organisation in den meisten Fällen ein besseres Führungsinstrument als das Druckmittel. Konstruktive Angst um die Organisation und Verantwortung scheinen sich gegenseitig zu bestätigen.

2.5.4.3 Der ungemütliche Wechsel

Der Wechsel zwischen den Zuständen wird in beide Richtungen als unkomfortabel empfunden. Wenn Betroffene zu Beteiligten werden sollen, so werden sie sich fragen, wie sie sich die Strafe verdient haben, sich mit den Unzulänglichkeiten der Organisation auseinander setzen zu müssen. Und dabei waren sie doch an deren Verursachung gar nicht schuldig. Umgekehrt werden die Beteiligten sich fragen, was sie falsch gemacht haben, dass man sie jetzt bevormunden muss.

Marketing-Szenarien

Zitat:

> Wenn wir das gewusst hätten, dann wären wir mit weniger Produkten und gezielter vorgegangen. Leiter Marketing

Herausforderung: Um unvorhersehbaren Umständen vorbeugen zu können, bestand das Marketing darauf, doppelt so viele Entwicklungen voranzutreiben, als eigentlich machbar waren. Durch die überlastete Entwicklung kamen die Produkte zu spät in der Produktion an, die wiederum die gewünschten Liefertermine nicht halten konnte. Durch den Verzug ergaben sich Verluste am Markt, für die sich in der Folge niemand im Unternehmen verantwortlich fühlte.

Lösungsansatz: In Kenntnis der eigenen Engpässe zeigte die Entwicklungsabteilung neben den gewünschten Lieferterminen auch die realistischen Liefertermine auf. Zusätzlich zu dem Szenario „wenn wir so weiter machen" wurden weitere Szenarien simuliert, in denen u. a. zwischen wertigen und minderwertigen Produkten unterschieden wurde.

Ergebnis: Mit der Simulation waren Marketing und Entwicklung gemeinsam in der Lage, den Verlust durch Verzug zu minimieren und zusammen darauf hinzuwirken, dass Engpässe in der Entwicklung entschärft wurden.

Erklärung: Durch die Einführung des Impuls-Prinzips wurde Marketing die Brücke zu „mehr Gewinn bei weniger Produkten" gebaut. Die unterschiedlichen Szenarien verdeutlichten den Trugschluss „wenn wir noch mehr Produkte auf den Markt bringen, dann werden wir automatisch mehr Umsatz und Gewinn machen". Der Impuls lag darin, dass neben dem geplanten, aber unrealistischen Szenario weitere, zum Teil deutlich übertriebene Szenarien die unrealistische Annahme offensichtlich machten. Mehr Produkte bedeuten einen zunehmenden Lieferverzug und deutlich fallende Margen. So entstand ein Verständnis für Entwicklungsengpässe und eine Portfolio-Strategie im Sinne von „Weniger ist mehr".

Prinzipien	Managementebene	Managementphasen			Schwierigkeit
◍	Einzelprojekte	Plan			mittel

Der jeweils andere Zustand, „Nur-Betroffen-Sein" und „Beteiligt-Sein", erscheint unattraktiv und einem Wechsel wird mit Widerstand begegnet. Nur durch einen äußeren Impuls ist es möglich, eine Organisation von einem Zustand in den anderen zu führen. So kann z. B. eine Krise zu einer derartigen Veränderung führen. Beispiele hierfür kennen Sie sicher aus eigener oder übermittelter Erfahrung: Eine Ehe, die aus einer Krise gestärkt hervorgehen kann; ein Gruppe, die zur verschworenen Gemeinschaft mit einem Ziel wird; ein Mensch, der durch eine schwere Krankheit für sich neue Lebensziele entwickelt. Beispiele in die entgegengesetzte Richtung kennen Sie vielleicht auch: Der Mensch, der durch eine Sinneskrise die Hoffnung verliert und sich aufgibt; die Gruppe, die ihren Idealismus und ihre Begeisterung verliert; die Ehe, in der der eine den anderen für sein Unglück verantwortlich macht und beide nicht mehr zueinander finden.

In jedem Fall ist der Wechsel auch mit einer Konfrontation mit der jeweilig anderen Form der Angst verbunden. In dem einen Zustand verbindet mich Komfortangst mit meinen Kollegen, während ich in dem anderen Zustand mit meinen Kollegen die Existenzangst um die gemeinsame Organisation teile. Der Wechsel ist gerade für Gruppen eine Herausforderung, weil nicht jedes Mitglied der Gruppe den Übergang auch zum gleichen Zeitpunkt durchschreitet. Sollte ich oder meine Gruppe den Wechsel in den anderen Zustand meistern, dann beschert mir dieser Erfolg auch ein entsprechendes Glücksgefühl.

Beispiel

Ein Mann in den besten Jahren möchte sein erstes Bungee-Jumping erleben. In dem Moment, wo er seinen inneren Schweinehund überwunden hat, sich von der Klippe abstößt, und am Seil in die Tiefe fällt, erlebt er ein unglaubliches Glücksgefühl.

Wir haben jetzt noch zwei offene Fragen: Woher bekommen wir den äußeren Impuls, um den Widerstand für den Übergang zu überwinden oder müssen wir auf die nächste Krise warten? Ist es möglich die freiwillige Annahme (oder auch Abgabe) von Verantwortung zu fördern? Um diese Fragen geht es in den nächsten Abschnitten.

2.5.5   Natürliche und künstliche Impulse für Innovation

Die Arbeitsweise von Impulsen lässt sich an den natürlich erscheinenden starken Gefühlswechseln am besten illustrieren. So werden z. B. Krisen oft als Auslöser für Veränderungen gesehen. Wenn eine Krise uns in ein emotionales Chaos stürzt, so aktiviert sie dadurch einen Mechanismus der Selbstorganisation (Gemmill und Smith 1985, 1991; Leifer 1989; Haken 1997).

Man muss jedoch nicht auf Krisen warten oder Chaos erzeugen, um Innovation zu befreien. Je nach Tiefe oder Dauer der angestrebten Veränderung brauchen wir einen entsprechenden Impuls.

Kombination von Standard und Innovation
Zitat:

> Seitdem die Ingenieure in der Entwicklung nichts Neues mehr erfinden dürfen, sind sie richtig begierig auf Innovation geworden. Leiter der Entwicklung

Herausforderung: Die Entwicklung von Produkten dauerte viel zu lange. Standards wurden wenig genutzt und für die Innovationsprojekte blieb nie Zeit. Dabei waren viele der Produkte, die entwickelt wurden, nur Varianten bestehender Produkte.

Lösungsansatz: Für die Entwicklung wurden zwei Räume eingerichtet. Im ersten Raum wurden Varianten bestehender Produkte, im zweiten Raum neue Produkte entwickelt. Während im ersten Raum nur Standardlösungen genutzt werden durften, sollten im zweiten Raum auch gänzlich neue Produkte und Lösungen entwickelt werden. Wenn für ein neues Produkt ein Standard fehlte, dann konnte dieser im zweiten Raum entwickelt werden. Zur Anwendung und Umsetzung musste man wieder in den ersten Raum wechseln.

Ergebnis: Es wurden zwei sich ergänzende Räume geschaffen:
- ein „innovationsfreier Raum" und
- ein Raum für „freie Innovation"

Wenn die bestehenden Standards im „innovationsfreien Raum" nicht reichten, dann wurde in den Raum „freie Innovation" gewechselt. Dies führte dazu, dass:
- Standardlösungen konsequent genutzt wurden
- unzureichende Standards verbessert und
- fehlende Standards erarbeitet wurden.

Im „innovationsfreien Raum" entstand die Leidenschaft, Innovationen zu finden, während im Raum für „freie Innovation" die Leidenschaft für die Anwendung entstand. Für alle war leicht ersichtlich, wie viel Aufwand in Innovation und Verbesserung ging.

Erklärung: Durch den Einsatz des Impuls-Prinzips wurde die Nutzung von Standards eine Selbstverständlichkeit und auf einmal war Zeit für Innovation.

Der Impuls entstand dadurch, dass an einer Stelle bewusst die Möglichkeiten künstlich verknappt wurden und an einer anderen Stelle bewusst erweitert wurden. Durch die Trennung von Standard und Innovation wurde jeder gezwungen, sich Klarheit darüber zu schaffen, welchem Prozess er gerade dient (Reframing-Prinzip).

Prinzipien	Managementebene	Managementphasen				Schwierigkeit
⊛⟲	**Ressourcen**			**Org.**		**schwer**

Den einen oder anderen Impuls für Veränderung kennen Sie sicher. Wir finden Impulse für Veränderung z. B. im Dualismus des Yin Yang des Tai Chi oder, für die meisten von uns besser zugänglich, schon im Humor (Idle 1999).

Medienwechsel
Zitat:

> Es war mucksmäuschenstill im Raum und alle haben versucht, sich ihre eigenen Vorstellungen aufzubauen. Teilnehmer aus der Entwicklung

Herausforderung: Das Unternehmen suchte nach Möglichkeiten die Visionen einer Gruppe von mehr als dreißig Spezialisten zu einer bestimmten technischen Fragestellung zu erfassen. Innerhalb von zwei Tagen sollten die unterschiedlichen Vorstellungen, Vorschläge und Ideen gebündelt werden. Dem Team sollte zudem eine Perspektive für das weitere gemeinsame Vorgehen gegeben werden.

Lösungsansatz: In der Ausgangslage wurden zahlreiche Ideen zum Thema gesammelt und schriftlich festgehalten. Das Team gliederte diese daraufhin in Interessenbereiche.

Im folgenden Schritt wurde bewusst auf die sonst im technischen Bereich übliche textliche Beschreibung verzichtet. Stattdessen gab man dem Team zu jedem Interessenbereich lediglich ein Bild vor.

Die Teammitglieder lernten im Spannungsfeld zwischen Wort und Bild die Interessenbereiche auf eine neue Art und Weise kennen. Dabei war ein Umschalten zwischen den Gehirnhälften erwünscht, um Gedanken nicht nur rational-logisch zu verarbeiten, sondern auch intuitiv-emotional.

Ergebnis: Der Wechsel in ein anderes Medium vertiefte die Aufmerksamkeit der Teilnehmer und führte zu einer einheitlicheren Vorstellung der Interessenbereiche. Dies ermöglichte deren zuverlässige Beschreibung.

Durch die Verbindung der Ideen mit repräsentativen Bildern verinnerlichten die einzelnen Teilnehmer die Interessenbereiche und Ideen schneller. Sie generierten in der Folge rasch neue Ideen und konnten sie mit wenig Abstimmungsbedarf den entsprechenden Bereichen zuweisen. Durch den Medienwechsel konnte die Energie, die sonst in Diskussionen zur Begriffsklärung verpuffte, zur konsequenten Abstimmung und zur Beschleunigung des Entwicklungsprozesses gebündelt werden.

Erklärung: Durch den Einsatz des Impuls-Prinzips wurde ein bislang verschlossener Lösungsraum zugänglich. Die bisherigen Lösungen waren heiß diskutiert worden und die Erwartungshaltung bestand, dass auch die neuen Lösungen sich erst nach harter Diskussion bewähren würden. Bei dieser Feuertaufe wären die vielversprechenden aber noch unreifen Lösungen aller Wahrscheinlichkeit nach untergegangen. Daher wurde der umgekehrte Weg gewählt. Durch die bildliche Darstellung wurden die Lösungen nur angedeutet (Reframing-Prinzip).

Die üblichen Kritiker neuer Lösungen hatten auf einmal die Sorge, man könnte meinen, sie hätten sich die neuen Lösungen nicht vorstellen können. Sie begannen mit dem für sie innovativen Ansatz, sich in die Lösungen hineinzudenken. Einmal etabliert, waren die neuen Lösungen nicht mehr wegzudiskutieren.

Prinzipien	Managementebene	Managementphasen			Schwierigkeit
⊛⟳	**Unternehmen**		**Org.**		**mittel**

Viele der Kreativitätstechniken beinhalten ebenso den gespielten Wechsel zwischen den zwei Formen der Angst. Als Beispiele seien hier die Widerspruchsorientierte Innovation WOIS oder die Innovation als Akt der kreativen Zerstörung genannt (Schumpeter 2006; Linde 2002). So wird bei der Widerspruchsorientierten Innovation der Nutzer mit sich widersprechenden Produktanforderungen konfrontiert. Die Angst, die Aufgabe nicht lösen zu können, setzt Kräfte frei und fördert innovative Lösungen.

Bei größeren Veränderungsprozessen wie auch bei Innovationen mit hohem Risiko reicht ein einzelner Impuls alleine nicht aus. Die große Veränderung ist deutlich leichter zu handhaben, besser zu steuern und daher auch eher erfolgreich, wenn sie von vielen kleinen Impulsen begleitet wird statt von einem großen. Die Kombination des Impuls-Prinzips mit dem Rhythmus-Prinzip und den anderen Prinzipien für Innovation und Veränderung hat darüber hinaus noch einige weitere faszinierende Eigenschaften. Wir werden in den nächsten Kapiteln weiter darauf eingehen.

Taktisches Management – die vergessene Managementdisziplin

3

Jedes der 5 Prinzipien für verhaltensorientierte Innovation wirkt für sich betrachtet auf Organisationen. Noch viel mehr Wirkung entfalten die Prinzipien, wenn sie kombiniert angewendet werden. Dies zu zeigen, ist die Absicht dieses und des nächsten Kapitels.

Wir beginnen mit dem taktischen Innovationsmanagement, dem Bindeglied zwischen strategischem und operativem Management, und zeigen, wie die 5 Prinzipien zu einem integrierten Management führen. Sie sind gewissermaßen das „Salz in der Suppe" der ständigen Managementaufgaben.

3.1 Das taktische Management als Impulsgeber

Organisationen tragen drei stetig vorhandene Spannungsfelder in sich:
* Verschiedene Bedürfnisse der Organisation
* Konkurrierende Initiativen und Aktivitäten im Wettbewerb um knappe Ressourcen
* Ängste der verantwortlichen Personen

Das taktische Innovationsmanagement erzeugt auf dieser Grundlage Impulse.

3.1.1 Die organisationale Bedürfnispyramide

Das erste Spannungsfeld besteht darin, dass die Organisation gleichzeitig verschiedene Bedürfnisse hat, die nicht isoliert voneinander befriedigt werden, sondern aufeinander aufbauen.

Abraham Maslow gilt als Gründer der Humanistischen Psychologie. Bekannt wurde er vor allem durch die klare und einfache Darstellung der menschlichen Bedürfnisse, die auch „Bedürfnispyramide" genannt wird. Nach Maslow (1943) geht der Mensch zunächst seinen körperlichen Bedürfnissen, dann der Sicherheit, sozialen Beziehungen, sozialer Anerkennung und schließlich der Selbstverwirklichung

B. Wördenweber et al., *Verhaltensorientiertes Innovationsmanagement*,
DOI 10.1007/978-3-642-23255-8_3, © Springer-Verlag Berlin Heidelberg 2012

Abb. 3.1 Organisatio-
nale Bedürfnispyramide
mit fünf Stufen und drei
Handlungsebenen

nach. Das Modell der Pyramide hat trotz vieler Diskussionen seine ursprüngliche
Klarheit nicht eingebüßt.

Die meisten Unternehmen sind mehr als nur eine lose Sammlung von Individu-
en. Gerade gewachsene Organisationen zeichnen sich durch ein Maß an Konformi-
tät aus. Für Innovation lässt sich daher das bestechend einfache Modell der Bedürfnispyramide auch auf gewachsene Organisationen und Unternehmen erweitern. Für
jede der fünf Ebenen gibt es ein entsprechendes Äquivalent.

In Anlehnung an die Bedürfnispyramide nach Maslow (1943) fassen wir die
genannten Bedürfnisarten zur Bedürfnispyramide von Organisationen zusammen,
siehe auch Abb. 3.1:

- Den individuellen körperlichen Bedürfnissen entspricht die kollektive Vermei-
dung von Verlust (kurz: Dringend): Zu den Bedürfnissen zählt zunächst einmal,
die dringenden Dinge möglichst rasch zu erledigen, um der Gefahr eines Verlus-
tes zu entgehen. Zu denken ist hier z. B. an die termingerechte Versendung einer
Bestellung oder an die Rückzahlung eines kurzfristig fällig werdenden Kredits.
Gefordert ist hier die Organisation mit ihrer Leistungsfähigkeit.
- Der individuellen Sicherheit entspricht die kollektive Chance auf signifikanten
Gewinn (kurz: Wichtig): Solche Chancen resultieren immer wieder aus der Beziehung zu den Kunden der Organisation. Beispiel sind eine hohe Produktquali-
tät oder eine zuverlässige Preispolitik.
- Den individuellen sozialen Beziehungen entspricht der kollektive Einfluss auf
das gemeinsame Schicksal (kurz: Können): Über die dringenden und wichtigen Bedürfnisse hinaus sollte jede Organisation ihre Wettbewerbsfähigkeit ab-
sichern. Sie arbeitet dazu an ihrem Können, d. h. an ihrer Fähigkeit, das eigene
Schicksal zu beeinflussen. Von Bedeutung sind hier etwa die Kunden- und Lie-
ferantenbeziehungen, Prozessqualität und Flexibilität.
- Der individuellen sozialen Anerkennung entspricht die kollektive Perspektive
auf neue Werte (kurz: Wollen): Ist die Existenz gesichert, entwickelt die Organisation das Bedürfnis, seine Perspektive zu erweitern. Unternehmen streben dann
nach einem Wettbewerbsvorteil. Konkret bedeutet dies, dass neue wettbewerbs-

relevante Positionen und Werte entwickelt werden. Beispiel: Ein produzierendes Unternehmen hat das Ziel, technisch führend zu sein, und erschließt sich dazu neue Produkt- und Fertigungstechnologien einzuführen.

- Der individuellen Selbstverwirklichung entspricht die kollektive Differenzierung (kurz: Alleinstellung): Am Ende steht das Ziel, Alleinstellung zu erreichen. Bei Unternehmen bedeutet dies das Streben nach dauerhaftem Wettbewerbsvorteil und Attraktivität für den Kunden.

Die organisationale Bedürfnispyramide ermöglicht eine einfache und klare Darstellung der Bedürfnisse einer Organisation. Dabei werden sowohl strategische, taktische als auch operative Aspekte berücksichtigt. Das taktische Management spricht diejenigen Bedürfnisse an, die auf der dritten und vierten Stufe der Bedürfnispyramide liegen. Diese Stufen stehen für das „Können" und für das „Wollen" der Organisation. In Anlehnung daran lässt sich das operative Management den ersten beiden Stufen („Dringend" und „Wichtig") zuordnen, das strategische Management der fünften Stufe („Alleinstellung"). Es ergeben sich drei Handlungsebenen. Diese verlangen aufgrund ihrer unterschiedlichen Zeithorizonte unterschiedliche Sichtweisen, die typischerweise drei verschiedene Verantwortungen bedeuten und gleichzeitig entsprechend spezifische Fähigkeiten erfordern, siehe Tabelle:

Handlungsebene	Zeithorizont	Stufen der organisationalen Bedürfnispyramide
Strategisch	Langfristig	Alleinstellung
Taktisch	Mittelfristig	Können und Wollen
Operativ	Kurzfristig	Wichtig und Dringend

3.1.2 Der Raum zwischen strategischem und operativem Management

Das zweite Spannungsfeld wird durch die konkurrierenden Initiativen und Aktivitäten für Innovationen bei ihrem Wettbewerb um knappe Ressourcen erzeugt. Diese Initiativen und Aktivitäten befinden sich noch im Ideenstadium oder bereits in der Ausführung, sie stammen – bottom-up – von den Mitgliedern der Organisation oder auch – top-down – von deren hierarchischer Führung, sie stellen kleine oder größere Entwicklungsschritte für die Organisation dar, sie sind geplant oder ungeplant.

All diese Initiativen und Aktivitäten greifen auf beschränkte Ressourcen zu, so dass nicht alle Initiativen gleichzeitig und mit höchster Intensität verfolgt werden können.

Die Spannungsfelder bei Bedürfnissen sowie Initiativen und Aktivitäten sind nun nicht etwa als Hindernisse zu sehen, sondern als Möglichkeiten, Impulse für Innovationen zu erzeugen.

Das taktische Innovationsmanagement bietet hierzu die wichtigste Perspektive. Es übernimmt zum einen Zielsetzungen und Vorhaben aus den Systemen des strategischen Managements und entwickelt dazu Schritte, die mittelfristig zu einer Realisierung beitragen. Im Bedarfsfall zerlegt es mittelfristige Entwicklungsziele in operative Einzelschritte. Umgekehrt berücksichtigt das taktische Management auch die Initiativen und Aktivitäten aus dem Tagesgeschäft, weil daraus mittel- und langfristig wirksame Möglichkeiten, bis hin zu strategischer Innovation und Veränderung, erwachsen können.

Beispiel

Ein Kunde will zukünftig die Produkte nur noch in Edelstahlbehältern geliefert bekommen und ist auch bereit, sich an den Kosten der Umstellung zu beteiligen. Bisher war diese Verpackungsart als Idee für andere Produkte schon diskutiert, aber mangels ausreichenden Absatzpotenzials verworfen worden. Die konkrete Nachfrage ermöglicht nun den ersten Schritt zu diesem Ziel.

Das taktische Management stellt also die Verbindungsebene zwischen operativem und strategischem Management dar. Dabei geht es lösungsfokussiert vor (Gingerich 2000; Anderson-Klontz et al. 1999; Redpath und Harker 1999; Lethem 2002):

- Es nimmt die Organisation so an, wie sie ist. Dazu greift es deren bestehenden Initiativen und Aktivitäten auf und entwickelt Handlungsoptionen.
- Es beschränkt sich bewusst nicht nur auf die top-down vorgegebenen Ziele, sondern orientiert sich an den Zielen, welche sich die Organisation als Ganzes vornimmt.
- Es legt besonderen Wert darauf, dass Ziele die Organisation nicht über- und nicht unterfordern.

Dazu grenzt es Handlungsoptionen so ab, dass diese die aktuell vorliegenden Fähigkeiten und Werte der Organisation ausbauen, meist in Form von Projekten. Es ergänzt somit die Handlungsoptionen, die dem operativen Management zur Bewältigung der dringenden und wichtigen Aufgaben zur Verfügung stehen.

Von der Strategie zur Taktik

Zitat:

> Uns wurden die Augen geöffnet. Wir hatten uns offensichtlich mit unserer strategischen Planung total verrannt. Jetzt haben wir es geschafft, strategische Ziele in Einklang mit der operativen Ebene zu bekommen. Bankvorstand

Herausforderung: Eine Bank plante ihr Geschäft neu auszurichten. Hierzu erarbeitete sie eine strategische Zielvorgabe. Das strategische Ziel wurde anschließend in Ziele und Maßnahmen zerlegt, um es zu operationalisieren. Die Analyse der Teilstücke zeigte, dass der Umfang der anzustoßenden Projekte über 90 Personenjahre umfasste. Für die Umsetzung des Projektes waren zwei Mitarbeiter vorgesehen, die aber beide weiter im Tagesgeschäft eingebunden sein sollten.

Lösungsansatz: Mit Hilfe eines 360°-Blicks in die Organisation wurden die kritischen Erfolgsfaktoren ermittelt und die Stellhebel zur Zielerreichung abgeleitet. Die gesammelten Verbesserungsvorschläge wurden anhand Ihrer Stellhebel bewertet und in einem Portfolio visualisiert. Nun wurden eine Priorisierung und die anschließende Selektion der Projekte überhaupt erst möglich. Zu große Projekte wurden in handhabbare Teilprojekte zerlegt.

Ergebnis: Die Bank konnte bereits mit überschaubarem Aufwand ihre Prozesse spürbar verbessern. Die Motivation zur Umsetzung stieg, die Aufgabe wurde nicht mehr als fernes Ziel, sondern als eine Serie von erstrebenswerten Zwischenzielen aufgefasst. Die strategischen Ziele wurden in Einklang mit der operativen Ebene gebracht.

Erklärung: Durch die Kenntnis der wichtigsten Einflussmöglichkeiten (Stellhebel-Prinzip) wurde das schnelle Scannen und Operationalisieren erfolgversprechender Optionen möglich.

Prinzipien	Managementebene	Managementphasen			Schwierigkeit
☞	**Unternehmen**	**Plan**			**schwer**

Anknüpfend an das Spielfeld der Motivation mit den zwei Dimensionen Einfluss und Perspektive (s. Abschnitt über Reframing) spannen die zwei Bedürfnisstufen des Könnens und des Wollens das „taktische Spielfeld" auf, s. Abb. 3.2.

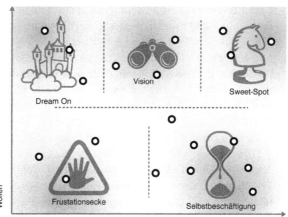

Abb. 3.2 Taktisches Spielfeld

3.1.3   Ansatzpunkte für Impulse

Entscheidend für die verhaltensorientierte Ingangsetzung von Innovationsprozessen ist das dritte Spannungsfeld, das in den verantwortlichen Personen der Organisation liegt und aus deren Ängsten resultiert. Das taktische Management stellt dazu fest, inwieweit die Organisationsmitglieder der Existenz- bzw. Komfortangst unterliegen, Ownership entwickelt haben, gerade einen Übergang zwischen den Angstzuständen erleben oder sich im Flow befinden (siehe auch Kap. 4). Je nach Befund können gezielt Impulse für Innovation und Veränderung erzeugt werden.

Business Case für „es bleibt, wie es ist"

Zitat:

> Erst als wir die Business Cases unseres jetzigen Prozesses mit dem neuen Prozess verglichen, wurde uns klar, wie viel Geld wir verlieren, wenn wir nichts ändern. CEO

Herausforderung: Das Unternehmen war es gewohnt, einen Lagerplatz für den Kunden vorzuhalten. Ob kleine Mengen exotischer Produkte oder große Mengen von Standardprodukten abgerufen wurden, der Kunde sah es als selbstverständlich an, dass die Lieferung ohne Verzug erfolgte. Dabei waren die Fertigungsprozesse schon lange verfeinert worden. Man hatte jedoch versäumt, den Kunden über die Jahre mit zu erziehen. Der Kunde war an den Lagerkosten nicht beteiligt und eine Vorausschau der Bedarfsmengen wurde in den wenigsten Fällen kommuniziert. Eine Umstellung auf auftragsbezogene Fertigung und Just-in-time-Logistik war bereits zuvor ein Traum des Unternehmens gewesen. Dieser schien jedoch, angesichts dann fälliger, unangenehmer Verhandlungen mit dem Kunden, in immer größere Ferne zu rücken. Aufgrund der erwarteten Risiken beim Kunden wurde jeder Business Case für eine Prozessumstellung als unattraktiv eingestuft. Die Innovation der Fertigungs- und Logistikprozesse erschien unmöglich.

Lösungsansatz: Der Knoten löste sich, als der Business Case für das Szenario „keine Prozessveränderung" erstellt und direkt mit dem Szenario „Prozessinnovation" verglichen wurde. Man hatte nie in Betracht gezogen, dass es auch beim Status quo Risiken gab. Diese Risiken, so stellte sich heraus, waren nicht unerheblich. Der Kunde erhielt Leistungen, die ihm nicht bewusst waren, und welche die Wettbewerber nicht erbringen mussten.

Ergebnis: Durch den direkten Vergleich der Szenarien „keine Prozessveränderung" und „Prozessinnovation" war es möglich, Befürchtungen zu relativieren und die Hemmung zur Umstellung der Prozesse zu reduzieren. Im direkten Dialog mit den Kunden ergab sich dann sogar ein drittes und anschließend umgesetztes Szenario, welches einen Großteil der Vorteile der beiden ursprünglichen Szenarien enthielt.

Erklärung: Durch den Impuls, der aus dem Vergleich der Business Cases für „es bleibt, wie es ist" und „innovativ" entstand, wurde die Veränderung erst möglich. Die Organisation konnte sich aus ihrer Starre befreien.

Prinzipien	Managementebene	Managementphasen			Schwierigkeit
✆◔	Einzelprojekte	Plan			leicht

Typische Anknüpfungspunkte dafür liegen auf den drei Handlungsebenen des operativen, taktischen und strategischen Managements. Operativ Verantwortliche bewegen sich auf dem „Kundenspielfeld". D. h. sie sind der Komfortangst ausgesetzt, dass sie die Kunden enttäuschen könnten und ihre Bemühungen von den Kunden nicht honoriert werden. Auf der taktischen und strategischen Ebene sind die Verantwortlichen – Ownership vorausgesetzt – mit der Existenzangst konfrontiert. Denn ihre Tätigkeiten sind anspruchsvoll, häufig von außen beeinflusst oder auch risikobehaftet. Die Gefahr des Versagens ist hier gegeben.

Besonders gefordert ist das verhaltensorientierte, lösungsfokussierte Management, wenn auf der taktischen Ebene in der Organisation Komfortangst und fehlende Ownership vorherrschen. Dies lähmt die mittelfristig wirksamen Aktivitäten zur Innovation. Die strategischen Vorgaben kommen dann nicht mehr zur operativen Umsetzung, und umgekehrt werden operative Initiativen und Aktivitäten nicht genutzt, um in abgestimmten, kleinen Schritten auch mittelfristige Ziele zu erreichen.

Verkörpert wird dieses Spannungsfeld von den Personen der mittleren Managementebene. Aufgrund ihrer hierarchischen Stellung im Unternehmen fühlen sie sich gleichwohl verpflichtet, den strategischen Ansprüchen einerseits und den operativen Anforderungen andererseits gerecht zu werden. Sie spüren am deutlichsten, wenn strategische und operative Inhalte nicht den gleichen Zielen dienen. Taktisches Management kann dann solchen Lähmungserscheinungen entgegenwirken und der Organisation „Leben einhauchen".

Das zentrale Vehikel dazu sind die Handlungsoptionen, aus denen der jeweils nächste Schritt für Innovation und Veränderung auszuwählen ist. Sie zu definieren, zu bewerten, auszuwählen und in der Realisierung aufmerksam zu begleiten wird von zwei weiteren Prinzipien unterstützt, den Stellhebeln und dem Inneren Kompass.

Erneuerung der Unternehmensausrichtung, Teil I
Zitat:

Endlich konnten wir unsere Zielvereinbarungen konzentriert auf den Punkt bringen. So wurde ein Soll-Ist-Vergleich überhaupt erst möglich. Vorstand

Herausforderung: Das betrachtete baltische High-Tech-Unternehmen wurde zur Wendezeit gegründet. Die Wurzeln reichen an ein Institut der lokalen Universität zurück, welches vor 1990 ein Zentrum mit Vorzeigecharakter der besagten Technologie in der UdSSR war.

Dieses Unternehmen war seit der Gründung langsam aber beständig gewachsen. Sein Gebiet sind komplizierte Hochleistungsprodukte für die wissenschaftliche Anwendung. Mit der Zeit wuchs das Verlangen diese Nische zu verlassen. Sie war komfortabel und profitträchtig, aber wurde mittlerweile auch als zu eng empfunden. Ziel sollte es sein, Produkte auch für den vielfach größeren industriellen Markt herzustellen.

Lösungsansatz: Das Management spürte, dass die Umstellung auf den industriellen Markt ein großer Sprung sein würde. Es fiel schwer, die üppigen Gewinnmargen in der wissenschaftlichen Anwendung gegen deutlich kleinere Gewinnmargen mit höherem Volumen in der Industrie zu tauschen. Auch die Anforderungen an Produkt und Unternehmen im industriellen Markt unterschieden sich in vielen Punkten von denen im Wissenschaftsbetrieb.

Lösungsfokussiert wurde zunächst das Management gefragt, welche Ziele es hat, und wo es das Unternehmen in der Zukunft sieht. Im nächsten Schritt wurden Schlüsselpersonen im Unternehmen interviewt. Sie wurden befragt, was sie für erforderlich hielten, um die Ziele zu erreichen, und welche Hindernisse dafür zu überwinden seien.

Aus den Interviews wurden die kritischen Erfolgsfaktoren ermittelt. Die Aussagen des Managements und der Schlüsselpersonen wurden anonymisiert gegenübergestellt. Es wurde untersucht, welche kritischen Erfolgsfaktoren von den Gruppen deutlich unterschiedlich gewichtet wurden (Blind-Spot-Analyse).

Ergebnis: Die Blind-Spot-Analyse machte deutlich, dass eine bedeutende Lücke zwischen den Zielen des Managements und den Vorstellungen der Mitarbeiter vorhanden war. In weiteren Schritten wurde untersucht, wie groß diese Lücke war, und ob Maßnahmen zur Überwindung der Lücke existierten.

Erklärung: Durch den Impuls aus der Aufdeckung der existierenden Spannungsfelder aus der Blind-Spot-Analyse konnte Bewegung in den Prozess gebracht werden. Dies bildete die Basis für die nächsten Schritte.

Prinzipien	Managementebene	Managementphasen				Schwierigkeit
⊘	**Unternehmen**	**Ziel**				**mittel**

3.2 Mit Stellhebeln und Innerem Kompass zum maßgeschneiderten Portfolio

Mit den Stellhebeln und Indikatoren verfügen wir über die wichtigsten Hilfsmittel zur Erstellung eines Portfolios von Handlungsoptionen, welches auf die Organisation individuell zugeschnitten ist. Dieses wiederum befähigt zu Fair Play über die Managementebenen der Organisation hinweg.

3.2.1 Maßgeschneidertes Portfolio der Handlungsoptionen

Im Zentrum der Entscheidungsprozesse für lösungsfokussiertes Innovationsmanagement stehen die Handlungsoptionen der Organisation.

Mit den Stellhebeln kennen wir bereits das Prinzip, nach dem die Handlungsoptionen bewertet werden: Diejenigen Optionen, welche die Stellhebel am stärksten bedienen, führen die Organisation nicht nur direkt näher zum Ziel, sondern begünstigen die Zielerreichung auch durch die positive Beeinflussung der anderen Stellhebel und kritischen Erfolgsfaktoren.

Im Sinne der Lösungsfokussierung – kleine Schritte, kurzfristige Erfolgskontrolle – werden auch die Frühindikatoren, insbesondere der Innere Kompass, zur Bewertung herangezogen. Denn für eine Handlungsoption, die auch die Frühindikatoren bedient, lässt sich frühzeitig nach Realisierungsbeginn der Fortschritt erkennen. Interventionsbedarf wird dadurch schnell sichtbar, und es wird klar, ob die Handlungsoption der Organisation tatsächlich eine neue Perspektive eröffnet (Stufe des Wollens in der Bedürfnispyramide).

Die Stellhebel für das Können und die Frühindikatoren für das Wollen sind also die wichtigsten Kriterien, nach denen Handlungsoptionen auf der taktischen Ebene zu bewerten sind. Auch den anderen drei Stufen der Bedürfnispyramide auf der operativen und strategischen Ebene werden kritische Erfolgsfaktoren (Stellhebel und Indikatoren) sachlogisch zur Bewertung der Handlungsoptionen zugeordnet.

Insgesamt kann so ermittelt werden, inwieweit eine Handlungsoption zur Befriedigung der verschiedenen organisationalen Bedürfnisse beiträgt. In grafischer Darstellung ergibt sich ein Gesamtbild wie in Abb. 3.3.

Der „Schatzkarte" ist zu entnehmen, welchen Wert die einzelnen Handlungsoptionen aus operativer, taktischer und strategischer Perspektive besitzen. Dabei ergibt sich die operative Beurteilung aus der Position in der Portfoliodarstellung, die taktische und strategische Beurteilung aus der Symbolik gemäß Abb. 3.2.

Letztere knüpft an die Einschätzung an, die sich für eine Handlungsoption ergibt, wenn man die Kriterien des Könnens, des Wollens und der Alleinstellung anlegt. Dabei stellt sich heraus, ob eine Handlungsoption in der Organisation von einem hohen Maß an Können und Wollen getragen ist. Sie befindet sich dann im Sweet-Spot und kann zur Erreichung der Organisationsziele sehr wirkungsvoll und mit klarer Rückmeldung über den tatsächlich erzielten Erfolg beitragen. Optionen, die stark gewollt sind, und für deren erfolgreiche Realisierung bereits erste Fähigkeiten

Abb. 3.3 Operatives
Spielfeld (Schatzkarte)

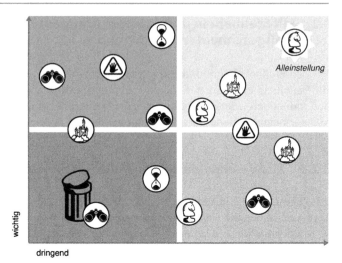

vorliegen, geben der Organisation eine Vision und können mittelfristig angestrebt
werden.

Auch die anderen Zustände, die im Abschnitt über das Reframing bereits angesprochen wurden, sind symbolisch unterschieden. Den Optionen aus der Frustrationsecke fehlen aktuell das Können und das Wollen der Organisation. Sie können
zwar wichtig und dringend sein, haben aber wenige Erfolgsaussichten. Für Traum-
Optionen fehlt der Organisation der Einfluss. Optionen in einem dieser zwei Zustände sind bei sofortiger Ausübung mit einem signifikanten Risiko des Scheiterns
belegt. Sie lösen dann bei den Beteiligten und Betroffenen Existenz- bzw. Komfort-
ängste aus und lähmen damit auch Innovationen. Optionen der Selbstbeschäftigung
manifestieren bestimmte Positionen (gegenüber Kunden, im Wettbewerb, bei den
Kompetenzen) und bergen die Gefahr, dass ohne Zukunftsperspektive die Unter-
nehmensentwicklung gelähmt wird und die Organisationsmitglieder zu sehr in den
komfortablen Zustand des Nur-Betroffen-Seins geraten.

Die Prinzipien des Reframing und des Rhythmus helfen, die Organisation in
Zwischenschritten und unter Berücksichtigung der verfügbaren Ressourcen an die
verschiedenen Optionen heranzuführen. Darauf gehen wir weiter unten detailliert
ein.

Zunächst ist festzuhalten, dass die Verbindung der Prinzipien Stellhebel und
Innerer Kompass mit der organisationalen Bedürfnispyramide der Organisation
einen differenzierten Blick auf die Handlungsmöglichkeiten eröffnet. Dabei werden gleichzeitig operative, taktische und strategische Bedürfnisse beachtet. Die Organisation kann selbst erkennen, welche zielgerichteten Schritte für Innovation sie
befähigt und motiviert gehen kann.

3.2.2 Fair Play im Management

Mit dem maßgeschneiderten Portfolio der Handlungsoptionen hat die Organisation eine gute Grundlage, um das Agieren im Management als Fair Play zu erleben.

Beispiel

Ein anspruchsvolles Projekt zur Erschließung eines neuen Marktsegments wurde mit großem Optimismus begonnen und im Unternehmen kommuniziert. Die Ressourcenausstattung war im Vergleich zu den anderen Projekten im Unternehmen relativ hoch. Nach zwei Jahren und mehreren Verzögerungen wurde ein Antrag für mehr Ressourcen abgelehnt. Das Projekt lief noch weitere zwei Jahre, letztlich erfolglos.

Empirische Studien zeigen, dass unpassende oder zu wenig Ressourcen die bedeutendste Ursache für fehlschlagende Strategien sind, und dass mehr als 25 % der Projekte als „Dürreprojekte" ressourcenmäßig „austrocknen" (Mankins und Steele 2005; Gröger 2004). Offensichtlich kommt es immer wieder zu einer Überforderung der Organisation in Form von zu großen Projekten und strategischen Vorhaben.

Das lösungsfokussierte taktische Management beugt dem zweifach vor. Zum einen achtet es bei der Auswahl der zu realisierenden Optionen darauf, ob die Organisation bereits die nötige Befähigung (Können) mitbringt, und ob der Wunsch zur Optionsausübung hinreichend motivierend wirkt (Wollen). Die Schatzkarte liefert Transparenz darüber, welche alternativen Optionen ggfs. mit geringerem Implementierungsrisiko wählbar sind.

Zum anderen greift das taktische Management auf Frühindikatoren zurück, um den Erfolg oder Misserfolg in kurzen Abständen nach Projektbeginn möglichst zuverlässig abzuschätzen. Im Fall von Projekten zählen dazu nicht der Projekterfolg selbst oder dessen Vorstufen, sondern z. B. die zeitliche Abschlusssicherheit und die effektive Personalausstattung. Eine gezielte Intervention, von der Ressourcenanpassung bis hin zum Projektabbruch, ist dann schlüssig begründbar.

Erneuerung der Unternehmensausrichtung, Teil II

Zitat:

> Das Ergebnis der Analyse hat uns auf den ersten Blick überrascht. Wir sind froh, dass wir uns nicht überstürzt in eine Transformation des Unternehmens begeben haben. Top-Manager

Herausforderung: Das betrachtete baltische High-Tech-Unternehmen, bislang Nischenanbieter für wissenschaftliche Anwendungen, hatte sich vorgenommen, ein Anbieter für industrielle Anwendungen zu werden. Eine Analyse der kritischen Erfolgsfaktoren und eine Blind-Spot-Analyse zeigten jedoch, dass die Vorstellungen des Managements und der Mitarbeiter dazu auseinander gingen.

Lösungsansatz: Aus den kritischen Erfolgsfaktoren wurden die Stellhebel und Indikatoren des Unternehmens abgeleitet. Anschließend wurden Portfolioworkshops durchgeführt. Deren Aufgabe bestand in der Identifikation von Handlungsoptionen, welche das Unternehmen befähigen würden, sich in Richtung Anbieter für die Industrie zu entwickeln. Die gefundenen Handlungsoptionen wurden anhand der Bedienung der identifizierten Stellhebel und Frühindikatoren bewertet.

Daraus wurden Portfoliodarstellungen für die Einordnung in die operativen (Dringend und Wichtig) und taktischen Spielfelder (Können und Wollen) generiert.

Ergebnis: Es zeigte sich ein ungewöhnliches Bild. Von den über einhundert gesammelten Vorschlägen war keiner dabei, der die identifizierten Stellhebel in befriedigender Weise bewegen konnte. Kaum ein Vorschlag befand sich im operativ „heißen" Teil des Portfolios und nur wenige Vorschläge aktivierten Können und Wollen im taktischen Portfolio.

Die nähere Untersuchung ergab, dass die für das Industriegeschäft besonders wichtigen Stellhebel „Nah an Schlüsselmärkten", „Applikations-Know-How" und „Starke Prozessorientierung" derzeit nicht zu bedienen waren. Gleichzeitig konnte mit den Vorschlägen der Innere Kompass „Stärkung des Kerngeschäftes und Synergien mit wissenschaftlichen Produkten" nicht zum Ausschlagen bewegt werden.

Das Unternehmen hatte offensichtlich ein lokales Optimum erreicht. Dieses Optimum war nicht nur operativ schwer zu verlassen, die Mitarbeiter besaßen auch nicht die dafür erforderliche Motivation. Die Ziele waren zu ambitioniert gesteckt, und passten nicht zur „Seele" des Unternehmens.

Erklärung: Durch die Ableitung von Stellhebeln und dem Inneren Kompass erlangten Mitarbeiter und Unternehmensführung ein vertieftes Verständnis, wie ihr Unternehmen tickt. Sie konnten mit objektivem Blick die Optionen bewerten und am Bedürfnisprofil der Organisation spiegeln.

Prinzipien	Managementebene	Managementphasen			Schwierigkeit
✍☯	Unternehmen			Strg.	schwer

3.3 Dynamik und Emergenz durch Reframing und Rhythmus

Durch den Einbezug der Prinzipien Reframing und Rhythmus wird das maßgeschneiderte Portfolio dynamisch. Es wird zu einer zentralen Aufgabe des taktischen Managements, die Navigationsstränge, auf denen die Organisation zum Ziel gelangt, zu identifizieren. Die Strategie des Unternehmens erweist sich dann als emergent.

3.3.1 Vernetzung einzelner taktischer Optionen zu Navigationssträngen

Das maßgeschneiderte Portfolio für verhaltensorientierte Innovation ermöglicht den integrierten Blick auf die Handlungsoptionen einer Organisation – aus operativer, strategischer und taktischer Sicht. Es umfasst Handlungsoptionen, die sich in Dringlichkeit, Wichtigkeit, Können, Wollen und Alleinstellungspotenzial unterscheiden.

Aufgabe des taktischen Managements ist es nun, die Optionen zur Realisierung intelligent auszuwählen. Dies betrifft nicht nur die Einhaltung der Ressourcenrestriktionen, sondern auch die Berücksichtigung des operativen Handlungsdrucks, der taktischen Motivation und der strategischen Zielsetzung.

Grundlage hierfür ist die Schatzkarte. Optionen, die dringend und wichtig sind, und die außerdem im Sweet-Spot des taktischen Spielfeldes liegen, sollten und können rasch ausgeübt werden, sobald die erforderlichen Ressourcen vorhanden sind. Dies umso mehr, wenn sie auch noch die Alleinstellung bedienen. Visionäre Optionen sind in hohem Maße konsistent mit den Organisationszielen und benötigen häufig noch einen Zwischenschritt, z. B. ein internes Entwicklungsprojekt oder die Beschaffung zusätzlicher Fähigkeiten von außen.

Taktisches Agieren mit dem Reframing-Prinzip kommt dann ins Spiel, wenn die Organisation Optionen aus den anderen Regionen des taktischen Spielfelds ausüben will. Traum-Optionen stehen im Einklang mit den Organisationszielen, sind jedoch auf direktem Weg nicht realisierbar. Eine unmittelbare Ausübung wäre mit einem hohen Risiko des Scheiterns verbunden. Es ist deshalb nach Zwischenschritten zu suchen, welche die Organisation mit größerer Zuverlässigkeit erfolgreich gehen kann. Diese Zwischenschritte dienen dem Aufbau von spezifischen Fähigkeiten und Einflussmöglichkeiten (Können), so dass in einem letzten Schritt auch die ursprüngliche Traum-Option realistisch wird. Sie ist dann zu einer Vision oder sogar zu einem Sweet-Spot geworden.

Beispiel

Die Vertriebsorganisation träumte von einem leistungsfähigen, IT-gestützten Customer Relationship Management (CRM)-System, um ihr jahrelang stark gewachsenes Geschäft systematischer und effizienter betreuen zu können. Erste Vorüberlegungen zeigten, dass der volle Nutzen eines CRM-Systems nur erzielt wird, wenn es auf stabiler betriebswirtschaftlicher Standard-Software aufbauen kann. Auch die Kundenbetreuung vor Ort und die Vertriebssteuerung liefen häufig noch spontan ab. Zwei taktische Projekte zur Qualifizierung wurden definiert: Die Definition von wichtigen Vertriebsprozessen und die Modernisierung des Enterprise Resource Planning (ERP)-Systems.

Das taktische Management entwickelt also neue Handlungsoptionen, mit denen die Organisation an die im Portfolio schon erfassten Optionen herangeführt wird. Wir

Abb. 3.4 Taktisches
Agieren mit Reframing

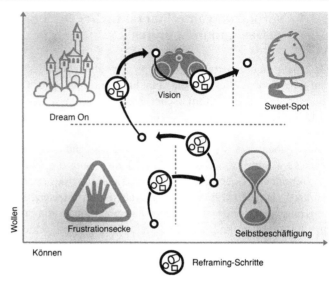

bezeichnen die Aneinanderreihung solcher taktischen Optionen bis zur anvisierten Handlungsoption aus dem Portfolio als „Navigationsstrang". Dieser Begriff soll verdeutlichen, dass zwischen dem aktuellen Zustand der Organisation und der anvisierten Option aus dem Portfolio ein Weg liegt, der nicht immer in einem Schritt und auch nicht immer geradlinig verläuft. Vielmehr muss die Organisation ihre Entwicklungsschritte so setzen, dass sie ganz im Sinne der Lösungsfokussierung und des Fair Play:

• sich selbst nicht überfordert,
• Risiken (auch externe) nur in kontrollierbarem Umfang eingeht,
• effizient mit den verfügbaren Ressourcen umgeht.

Als Technik wird hierzu das Reframing angewendet. Es führt durch die Formulierung von realistischen Zwischenzielen die Organisation Schritt für Schritt immer wieder nahe an den Sweet-Spot ihres dann jeweils gegebenen Könnens und Wollens. Hilfreich ist es hierbei, der Organisation einen bestimmten Rhythmus zu geben, in dem der Navigationsstrang durchlaufen wird. Speziell die Anforderung an die Ressourceneffizienz des Navigationsstrangs öffnet den Blick für interessante Konstellationen. Außerdem ist darauf zu achten, dass bereits die Erreichung der Zwischenziele jeweils einen Nutzen generiert (vgl. Abb. 3.4).

Denn zum einen lassen sich manchmal Synergien mit den anderen Handlungsoptionen nutzen. Beispielsweise könnten operative Handlungsoptionen, die ansonsten nicht hinreichend attraktiv erscheinen, auch unter dem zusätzlichen Aspekt ausgewählt werden, dass sie – quasi als Nebenprodukt – Lerneffekte schaffen, die später taktische Projekte erleichtern. Im Idealfall lassen sich operative Projekte so sequenzieren, dass sie in ihrer Gesamtheit die Erreichung von taktischen oder auch strategischen Zielen nicht nur wahrscheinlicher machen, sondern auch zum großen Teil schon leisten.

Zum anderen kann der Pfad zur anvisierten Option zunächst versperrt erscheinen. Dann führt der Navigationsstrang evtl. über Technologie- oder Markt-Enabler, obwohl diese zunächst als nicht zielführend eingeschätzt wurden.

Beispiel

Der Hersteller von Lebensmittelstabilisatoren wollte langfristig auch Hersteller von pharmazeutischen Tabletten beliefern. Pharmaanwendungen stellen jedoch sehr hohe neue Anforderungen an die Qualität der Prozesse und an die Reinheit der Produkte. Um überhaupt als kompetenter Partner auch für die Pharmaindustrie erkannt zu werden, akquirierte der Vertrieb den bekanntermaßen anspruchsvollsten japanischen Lebensmittelhersteller als Kunden, obwohl das Geschäft mit ihm lange Zeit relativ geringe Deckungsbeiträge erwirtschaftete.

3.3.2 Entstehung einer emergenten Strategie

Ein wesentliches Merkmal des hier vorgestellten, verhaltensorientierten und lösungsfokussierten Managements von Innovation ist die Berücksichtigung aller jeweils gegebenen Initiativen und Aktivitäten, um daraus Handlungsoptionen abzuleiten. Im Unterschied zu einer programmatischen Strategie, die zur Umsetzung an die Organisation delegiert wird, kann es dabei zu strategisch bedeutsamen Entwicklungen kommen, die sich erst im Verlauf der taktischen und operativen Implementierung herauskristallisieren (Mintzberg und Waters 1985).

Taktik ist dann nicht mehr als ein Unterprozess der Strategie zu verstehen, sondern beide Managementebenen bedingen einander.

Dies wird umso deutlicher, wenn Reframing auch angewendet wird, um den Verantwortungsbereich des Managements oder auch die Zielsetzung der Organisation anzupassen. Den Hinweis auf die Notwendigkeit für ein solches Reframing gibt eine Schatzkarte, die kaum Optionen mit operativem Handlungsdruck (wichtig und dringend) und ausreichendem Können ausweist. Die Organisation insgesamt hat sich dann offenbar Ziele gesetzt, die derzeit außer Reichweite liegen. Die Auswahl von Handlungsoptionen auf dieser Grundlage würde die Organisation überfordern, frustrieren und orientierungslos machen. Eine sinnvolle Navigation wäre unmöglich.

Die taktische Analyse löst somit eine fundamental neue Diskussion über die Zielsetzung und die Möglichkeiten der Organisation aus. Andere oder weniger Stellhebel sowie ein evtl. veränderter Innerer Kompass bewirken dann eine Neupositionierung der Handlungsoptionen im maßgeschneiderten Portfolio.

Erneuerung der Unternehmensausrichtung, Teil III
Zitat:

> Das Vorgehen in kleinen Schritten war genau das richtige. Sowohl das Management als auch die Mitarbeiter waren erleichtert, nicht sofort zum großen Sprung ansetzen zu müssen, und die Unternehmenskultur zu bewahren. CEO

Herausforderung: Das baltische High-Tech-Unternehmen sah sich nicht in der Lage, die für den Wandel zum Industrieanbieter kritischen Stellhebel zu bedienen. Zudem fehlten für das angestrebte Ziel das Können und Wollen. Die Erkenntnis, das Industriegeschäft nicht erreichen zu können, löste Ernüchterung beim Management aus.

Lösungsansatz: In einem anschließenden Reframing wurde der Scope neu definiert. Jetzt wurden Projekte priorisiert, die besonders das Kerngeschäft stärken (Innerer Kompass), gleichzeitig aber auch eine Chance bieten, dem Industriegeschäft ein kleines Stückchen näher zu kommen. Die Vorhaben wurden nach Schwierigkeitsgrad in drei Phasen aufgeteilt. Die Projekte der ersten Phase waren bewusst so kleine und leichte Schritte, dass sie jeweils erfolgreich innerhalb einer Woche abgeschlossen werden konnten (Reframing). Es durfte immer nur dann ein neues Projekt begonnen werden, wenn das alte Projekt erfolgreich abgeschlossen worden war (Rhythmus).

Einer der Autoren vereinbarte ein Gentleman-Agreement mit dem Management: Sollten Sie es schaffen, in drei Monaten fünf kleine Verbesserungsprojekte abzuschließen, würden Sie in ein luxuriöses usbekisches Restaurant eingeladen.

Ergebnis: Unternehmensführung und Mitarbeiter waren erleichtert, einen Weg in die Zukunft gefunden zu haben, der die Seele des Unternehmens als forschungsnahe Organisation erhält und gleichzeitig neue Wachstumspotenziale erschließt. Besuche des Autors drei, sechs und zwölf Monate später zeigten, dass das schrittweise Vorgehen von Erfolg gekrönt war.

Zehn konkrete Verbesserungsaktionen konnten abgeschlossen werden. Die Stimmung hatte sich maßgeblich verbessert. Das Unternehmen hat in der Zwischenzeit den Innovationspreis des Landes gewonnen. Überflüssig zu erwähnen, dass die Einladung zum Essen fällig wurde. Der Autor verbrachte einen schönen Abend mit einem Mitglied der Unternehmensleitung, die voller Optimismus in die Zukunft blickte.

Erklärung: Durch das Reframing erlangte die Organisation eine neue Perspektive. Das rhythmische Abarbeiten der robusten Optionen schuf schnelle Erfolgserlebnisse und gab Kraft für die kontinuierliche Erneuerung.

Prinzipien		Managementebene	Managementphasen				Schwierigkeit
🌀	🌐	**Unternehmen**	Ziel	Plan			**mittel**

Die 5 Prinzipien – Impuls, Stellhebel, Innerer Kompass, Reframing und Rhythmus – für Verhaltensorientiertes Innovationsmanagement resultieren somit in einem Strategieverständnis, das strategische Planung, kundenorientierten, operativen Handlungsdruck, intelligente Spielzüge auf dem taktischen Spielfeld und die Interessen der Organisation selbst zusammenbringt. Vor diesem Hintergrund kann sich die tatsächlich realisierte Strategie einer Organisation als in hohem Maße emergent und als das Ergebnis einer kontinuierlichen Erneuerung erweisen.

Flow-Teams

4

Im vorigen Kapitel haben wir erfahren, dass sich die lernende Organisation mit Initiativen voran bewegt. In diesem Kapitel sehen wir uns an, wie die lernende Organisation die Initiativen umsetzt und abschließt. Im Mittelpunkt stehen dabei Flow-Teams, Work Cells und Innovation Cells. Hierbei handelt es sich um Methoden und Organisationsformen zur Steigerung der Effektivität in der Organisation.

Wir beginnen mit dem Flow-Team. In der Darstellung legen wir besonderen Wert auf die Anwendung von Flow-Teams für Innovation. Wir zeigen, wie man unter Einsatz der 5 Prinzipien für Innovation Flow reproduzierbar generieren kann. Auf dieser Grundlage bauen wir dann die zwei Organisationsformen der Work Cell und der Innovation Cell auf. Sie überbrücken die Arbeitsteilung konventioneller Organisationsformen und erlauben dadurch bereichs- und funktionsübergreifende Risiken zu bändigen und Innovationen zu stemmen.

4.1 Motivationszustand „Flow" und seine Bedeutung für Innovation

Der Begriff Flow beschreibt einen speziellen Zustand der Motivation. Csikszentmihalyi entdeckte diesen Zustand intensiver Konzentration zuerst bei Sportlern. Diese waren in der Lage sich auf ein spezielles Ziel hin zu motivieren und den Flow-Zustand zu erreichen, ohne dass eine besondere Belohnung notwendig war. Allein die Aufgabe oder Herausforderung selbst waren Grund für die Anstrengungen. Der innere Ansporn (auch intrinsische Motivation genannt) sorgt dafür, dass die Fähigkeiten eines Individuums durch die Herausforderung der Aufgabe über die persönlichen Grenzen hinaus wachsen. Um diesen entspannten aber gleichzeitig auch hoch konzentrierten Zustand zu erreichen, muss die zu Beginn wahrgenommene Herausforderung nicht als unmöglich angesehen werden. In diesem Fall lässt sich Flow durch folgende Merkmale charakterisieren:

B. Wördenweber et al., *Verhaltensorientiertes Innovationsmanagement*,
DOI 10.1007/978-3-642-23255-8_4, © Springer-Verlag Berlin Heidelberg 2012

- Jede Phase des Prozesses ist durch klare Ziele gekennzeichnet.
- Man erhält ein unmittelbares Feedback für das eigene Handeln.
- Aufgabe und Fähigkeiten befinden sich im Gleichgewicht.
- Handeln und Bewusstsein bilden eine Einheit.
- Ablenkungen werden vom Bewusstsein ausgeschlossen.
- Abwesenheit von Versagensängsten.
- Selbstvergessenheit.
- Aufhebung des Zeitgefühls.
- Die Aktivität wird autotelisch, d. h. dass allein die Ausübung der Aufgabe als Freude empfunden wird.

Wenn behutsam die Herausforderung an die gestiegene Fähigkeit des Teams angepasst wird, bleibt der Flow-Zustand bestehen. Flow beeinflusst den Gemützustand positiv.

Worin liegt nun die Bedeutung des Flow für Innovation?

Innovation bedeutet für Organisationen, mehr oder weniger große Herausforderungen zu meistern. Zu Beginn des Innovationsprozesses besteht meist nur eine Hypothese, die nicht selten verworfen werden muss, bis sich dann nach einiger Zeit ein erfolgversprechender Ansatz herauskristallisiert. Somit sind gerade bei Innovationen Erfolge erst spät wahrnehmbar.

Besonders bei radikalen Innovationen, die starke Auswirkungen auf ihr Umfeld haben und damit hohe Anpassungsfähigkeit von der Organisation fordern, bedarf es eines überaus großen Motivationspotenzials, um eine erfolgreiche Umsetzung zu ermöglichen.

Wir sehen Flow in diesem Zusammenhang als ein wichtiges Werkzeug zur Prozessgestaltung. Wir können sicherstellen, dass der Prozess als Erlebnis interpretiert werden kann, der sich in einem Bd. (auch Flow-Kanal genannt) zwischen Herausforderung und persönlicher Fähigkeit bewegt (siehe Abb. 4.1). Ist der Prozess erlebbar, wirkt er intrinsisch motivierend auf die Teilnehmer und kann den Flow-Zustand in der Gruppe ermöglichen.

Flow besitzt einen positiven Einfluss auf die Einstellung von Mitarbeitern. Dies wiederum erhöht die Wahrscheinlichkeit, dass sich Kreativität und Spontaneität entfalten können. Studien zeigen, dass Mitarbeiter, beflügelt durch intrinsische Motivation, häufiger zu kreativen Vorschlägen neigen und bedacht sind, ihre Arbeitsweise effektiver zu gestalten (Bakker 2005; Csikszentmihalyi 2007).

Funktionsübergreifende Teams mit intrinsischer Motivation sind geneigt auch funktionsunabhängige Lösungen zu finden. Damit ist Flow ein wichtiger Bestandteil, um radikale Innovationen zu ermöglichen.

4.2 Wie in Teams Flow entsteht

Sie haben den Flow-Zustand vielleicht in einem ganz anderen Zusammenhang erlebt. Wenn Sie gern Winterurlaub machen, dann kennen Sie Flow wahrscheinlich vom Skifahren als den Zustand des vollständigen Eins-Seins mit Ski und Piste.

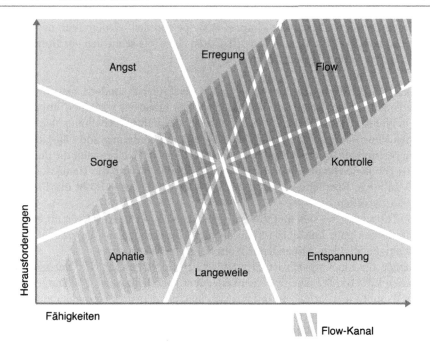

Abb. 4.1 Flow-Kanal (in Anlehnung an Csikszentmihalyi, 2000)

Mit der Konzentration auf das Skifahren verschwinden plötzlich alle anderen Gedanken, die uns sonst gerne im Tag verfolgen. Sollten Sie jedoch nach 200 Metern bereits von der Piste abgekommen sein, ist die Wahrscheinlichkeit groß, dass Sie gedanklich noch im Büro sitzen, anstatt die Abfahrt bewusst zu genießen.

Durch die Kombination des Impuls-Prinzips und des Rhythmus-Prinzips können wir Flow entstehen lassen. Wie können wir uns das vorstellen?

Beispiel 1

Beim gemeinsamen Bier werden Witze erzählt. Ein Witz folgt dem anderen. Irgendwann kann sich der Tisch vor Lachen nicht mehr halten. Der Flow kam durch die Salve (Rhythmus-Prinzip) von Witzen (Impuls-Prinzip) zustande. Durch den Flow haben alle Personen um den Tisch einen gemeinsamen Wahrnehmungsfokus und fühlen sich energiegeladen.

Beispiel 2

Beim Golf wechselt hohe Konzentration beim Abschlag mit Entspannung beim anschließenden Fußmarsch entlang dem Fairway. Schon nach dem dritten Abschlag vergisst der Golfer die Zeit. Flow entsteht durch den Wechsel von Konzentration und Entspannung (Impuls-Prinzip) und den wiederholten neuen Abschlag vom Tee (Rhythmus-Prinzip). Durch den Flow sehnt sich der Golfer nach der Herausforderung des nächsten Schlags.

Wir können den Flow-Zustand nicht nur in der Freizeit, sondern auch im Alltag eines Unternehmens erzeugen und nutzen. Dazu brauchen wir einen Impuls, der sich in einem auf die Wirkzeit des Impulses abgestimmten Rhythmus wiederholt. Für den Flow kommt es darauf an, dass sich Herausforderung und Fähigkeiten in einem bestimmten Toleranzband bewegen (vgl. Abb. 4.1). Übersteigt die durch den Impuls gebotene Herausforderung die Fähigkeiten oder wird die Herausforderung durch zu lange Bearbeitungszeiten zur Unterforderung, dann droht der Flow-Zustand abzubrechen.

Ein Team, welches sich im Flow befindet, kann deutlich fokussierter arbeiten. Es ist auf eine Aufgabe konzentriert und blendet Ablenkungen aus. Es arbeitet konsequent auf das Ziel hin. Mit anderen Worten: Es ist effektiv.

Gerade für Innovationen ist Effektivität besonders gefragt. Wir unterscheiden zwischen Effektivität („Die richtigen Dinge tun") und Effizienz („Die Dinge richtig tun"). Es gibt viele Aufgaben im Unternehmen, bei denen es besonders auf Effektivität ankommt. Die Entwicklung neuer Produkte ist ein typisches Beispiel. In der Produktentwicklung kommt es besonders darauf an das richtige Produkt zu entwickeln, um es dann in der Produktion richtig zu produzieren, also effizient und kostengünstig.

Beispiel 3

Eine Fast-Food-Kette entwickelt ein neues Gericht. Jeden Tag um 14 Uhr kommt eine Jury zur Verkostung. Mit der Kritik der Jury geht das Team der Produktentwickler in kurze Klausur und kreiert dann für den nächsten Tag ein verbessertes Gericht. Flow entsteht durch den Wechsel von Kritik und Klausur (Impuls-Prinzip) und das regelmäßige Treffen mit der Jury (Rhythmus-Prinzip).

Sehen wir uns das Beispiel 3 einmal genauer an. Der Impuls basiert auf dem Rollenspiel zwischen Produktentwicklern (Team) und der Jury. Die Jury baut mit ihrer Kritik Druck auf. Durch die Klausur wird sich das Team der Gefahr des Versagens bewusst und beugt dieser mit neuen Ideen vor. Aus dem Wechselbad der Gefühle entsteht der Impuls.

Beispiel 4

Eine Fast-Food-Kette entwickelt ein neues Gericht. Jeden Tag um 14 Uhr kommt der Vorgesetzte zur Verkostung. Mit der Kritik des Vorgesetzten geht das Team der Produktentwickler in kurze Klausur und kreiert dann für den nächsten Tag ein verbessertes Gericht. Trotz der regelmäßigen Treffen (Rhythmus-Prinzip) wird sich ein Flow nicht ausprägen.

Im Gegensatz zum Beispiel 3 wird im Beispiel 4 die Kritiker-Rolle der Jury mit der Macht-Rolle des Vorgesetzten getauscht. Ein mögliches Versagen des Teams fällt jetzt auf den Vorgesetzten zurück. Daher bezieht das Team die Gefahr des Versagens nicht mehr nur auf sich. Das Team wird die Gefahr des Versagens kaum spüren, dafür wird die in Abschn. 2.5.2 beschriebene Komfortangst steigen. Der Impuls wird deutlich geringer ausfallen und sich schnell auflösen. Flow im Team würde nicht entstehen. Die vielleicht wohlgemeinte Unterstützung des Chefs nimmt dem Team den Flow und mindert die Effektivität.

Flow-Teams funktionieren, wenn wir das Impuls-Prinzip und das Rhythmus-Prinzip beachten. Flow-Teams machen Spaß und sind effektiv. Sie können kritische Innovationen in Ihrer Organisation beschleunigen. Flow-Teams wollen zielorientiert arbeiten. Geben Sie dem Team eine fordernde, aber nicht unmögliche Zielvorgabe und einen Rahmen, damit das Team auch frei agieren kann und nicht wegen jeder Kleinigkeit rückfragen oder den Flow unterbrechen muss. Das Team wird es Ihnen danken. Sie können sicher sein, dass ein Mitarbeiter, der einmal im Flow-Team gearbeitet hat, beim nächsten Mal wieder mitmachen möchte.

4.3   Work Cells für mehr Effizienz

Wir haben im letzten Abschnitt Flow-Teams zur Steigerung der Effektivität kennengelernt. Aufbauend auf dem Flow-Team werden wir jetzt die Methode der Work Cell einführen, die neben der Effektivität auch die Effizienz steigert.

Der Begriff „Work Cell" kommt aus der schlanken Produktion (Womack et al. 1990). Im Fertigungsumfeld ist die Work Cell eine Methode der Anordnung und Gestaltung der Arbeitsplätze. Anstatt auf die Effizienz der einzelnen Arbeitsschritte wird mehr auf die Effizienz und Flexibilität des gesamten Prozesses geachtet. Die Methode der Work Cell lässt sich auf andere Anwendungsbereiche übertragen. Im Folgenden wird beschrieben, wie eine Work Cell in einer schlanken Entwicklung greifen kann.

Work Cell

Zitat:

> Ich habe völlig die Zeit vergessen. Das macht ja richtig Spaß! Mitarbeiter aus dem Gießsaal

Herausforderung: Die Produktentwicklung im Unternehmen für Keramikartikel darf nicht lange dauern, sonst werden die Entwicklungskosten und die Profitabilität des Endprodukts in Frage gestellt. Dabei stellen die Designs besondere Anforderungen an die Produzierbarkeit.

Lösungsansatz: Ein Team von vier Mitarbeitern aus den Bereichen Design/Styling, Produktgestaltung, Modellierung und Fertigung kamen in einer Work Cell zusammen. In 90 min gingen sie durch die Hauptrisiken des Produktkonzepts und suchten gemeinsam nach Möglichkeiten, die Risiken zu reduzieren. 15 min lang stellten sie einer Jury aus Experten die erarbeiteten Lösungen vor und nahmen die Kritik auf. Dann folgte eine 15-minütige Pause und der Zyklus begann wieder von vorn.

Ergebnis: Innerhalb von drei bis fünf Zyklen waren die Risiken im Produktkonzept soweit reduziert, dass die Teilnehmer im Konsens und in Kenntnis der noch zu beachtenden Aspekte waren und die Entwicklung in kurzer Zeit abschließen konnten. Zwei weitere Work Cells reichten aus, um ein neues Produkt sicher in die Produktion zu führen.

Erklärung: Durch den Einsatz der Prinzipien Rhythmus, Impuls und Stellhebel wurden in sehr kurzer Zeit die wesentlichen Restrisiken in der Produktentwicklung beseitigt. Der starke zeitliche Rhythmus und das Wechselbad der Gefühle zwischen Jury und Pause geben dem Team Flow. Die Stellhebel werden bedient, indem das Team mit standardisierten und auf die Hauptrisiken ausgerichteten Arbeitsmitteln arbeitet.

Prinzipien	Managementebene		Managementphasen			Schwierigkeit
◉◔ ◔	**Einzelprojekte**		**Org.**			**mittel**

Work Cells in der Produktentwicklung machen immer dann Sinn, wenn die Entwicklung besondere Risiken enthält. Im obigen Fallbeispiel resultieren die Risiken aus den extrem niedrigen Entwicklungskosten, Herausforderungen des Designs an den Fertigungsprozess und der Forderung, dass das Produktkonzept auf Anhieb passen soll. Um die Entwicklung zu beschleunigen und die Risiken frühzeitig zu eliminieren, werden an den kritischen Stellen im Entwicklungsprozess Work Cells eingeführt. Das Projektteam arbeitet dediziert und kollokiert. Die Work Cell startet, wenn alle notwendigen Vorgaben vorliegen und die Zielvereinbarung unterschrieben ist. Im festen Takt wechseln Gestaltungsphasen mit Kritik und Erholung (Rhythmus-Prinzip und Impuls-Prinzip). Die Arbeitsmittel des Teams sind standardisiert und so ausgelegt, dass die Stellhebel für eine sichere und unkomplizierte Fertigung des anspruchsvollen Designs im Vordergrund stehen. Das Team fokussiert sich darauf, die wesentlichen Fragen zur Gestaltung und Fertigung des Produkts zu beantworten (Stellhebel-Prinzip). Es muss sich nicht mit Arbeitsinhalten, Werkzeugen oder gar dem Abgleich unterschiedlicher Interessen beschäftigen.

In der Work Cell entsteht Flow. Das sehr heterogene Team setzt sich intensiv mit dem Problem auseinander und sucht nach Möglichkeiten, das anspruchsvolle Design und den Fertigungsprozess aufeinander abzustimmen. Auf der Suche nach dem richtigen Weg werden unterschiedlichste Lösungswege beschritten, aber auch ebenso schnell wieder verworfen, bis sich eine optimale Lösung herausbildet. Das Team durchläuft während dessen einen intensiven Lernprozess. Dabei kommt es interessanterweise auch auf Details, wie zum Beispiel die Pause, an, wie das folgende Negativbeispiel verdeutlicht.

> **Beispiel**
>
> Ein Team von vier Mitarbeitern aus den Bereichen Design/Styling, Produktge-
> staltung, Modellierbarkeit und Fertigung kommt in einer Work Cell zusammen.
> In 90 min gehen sie durch die Hauptrisiken des Produktkonzepts und suchen ge-
> meinsam nach Möglichkeiten, die Risiken zu reduzieren. Anstatt der geplanten
> 15 min braucht die Jury 30 min. Das Team möchte den Zeitplan halten, über-
> springt die Pause und fängt gleich mit dem nächsten Zyklus an. Daraufhin wer-
> den die nächsten 90 min zur Qual im Team und der Flow bricht ab.

Die Pause ist eine Konfrontation des Teams mit der Leere und lässt nach dem Druck
der Kritik eine gewisse Angst des Versagens hochkommen. Es reicht aus, die Pause
wegzulassen, und der Impuls kommt nicht mehr zustande.

Work Cells funktionieren, wenn wir das Impuls-Prinzip, das Rhythmus-Prinzip und das Stellhebel-Prinzip beachten. In den Work Cells erleben die Mitarbeiter
Zeiten höchster Konzentration, sodass sie die Zeit manchmal vergessen. An den
richtigen Stellen eingesetzt, können Work Cells Effizienz in ansonsten ineffiziente
Prozesse bringen. Ausschlaggebend dafür sind die Stellhebel. Die folgenden zwei
Beispiele illustrieren, worauf wir achten sollten. Wir bleiben dabei in der Produktentwicklung für Keramikartikel.

> **Beispiel**
>
> Ein Team von drei Mitarbeitern aus den Bereichen Produktgestaltung, Model-
> lierbarkeit und Fertigung kommt in einer Work Cell zusammen. Der Designer
> hat vorher kurzfristig abgesagt. Das Team durchläuft wie gewohnt die Zyklen.
> Nach drei Stunden wirft das Team frustriert das Handtuch. Was ist passiert? Das
> Team hatte den wichtigen Stellhebel „anspruchsvolles Design" nicht im Griff.
> Sämtliche Bemühungen, eine unkomplizierte Fertigung zu garantieren, scheiter-
> ten, nur weil niemand wusste, welcher Aspekt des Produktdesigns sensitiv war.
> Unter diesen Gegebenheiten konnte kein Flow entstehen.

Aus der Anwendung der Work Cell in einer schlanken Entwicklung können wir den
direkten Nutzen gut erkennen. Die Methode können wir auf viele andere Bereiche
übertragen.

> **Beispiel**
>
> Die Work Cell hatte in dem Entwicklungsprozess seine Tauglichkeit bewiesen.
> Voller Erwartung kopierte der Marketingleiter die Vorgehensweise von seinem
> Kollegen. Er rief ein funktionsübergreifendes Team zusammen, welches sich im
> bekannten 2-Stunden-Zyklus der gestellten Aufgabe widmete. Nach dem fünften
> Zyklus warf die Jury das Handtuch. Was war passiert? Man hatte versäumt die
> Stellhebel für den Marketingprozess zu ermitteln und dem Team auch keine den
> Stellhebeln entsprechenden Arbeitsmittel zur Verfügung gestellt. Flow konn-
> te nicht entstehen, weil die Jury mit den unfokussierten Ergebnissen zu keiner
> konstruktiven Kritik kam und das Team wiederum keinen Impuls erhielt.

4.4   Innovation Cell für Ownership

4.4.1   Leistungsgrenze konventioneller Teams

Die Work Cell basiert auf dem Flow-Team und steigert neben der Effektivität auch die Effizienz speziell in Bezug auf die adressierten Stellhebel. In diesem Abschnitt lernen wir die Innovation Cell kennen. Sie baut auf der Work Cell auf und erweitert ihre Fähigkeiten deutlich. Mithilfe der Prinzipien des Inneren Kompass und des Reframing bekommt die Innovation Cell eine neue und gerade für Innovation wichtige Eigenschaft: Die Innovation Cell kann große Risiken in kurzer Zeit reduzieren.

Um diese besondere Fähigkeit zu verstehen, sollten wir uns erst einmal vor Augen halten, was in konventionellen Teams bei großem Risiko passiert.

Beispiel

Ein Automobilzulieferer plant, ein Produkt mit neuer Technologie in drei Jahren in einen neuen Markt zu bringen. Die Unternehmensleitung ist sich der Herausforderung bewusst und bittet Sales, Marketing, Entwicklung und Produktion ihre jeweils besten Experten in das Projektteam zu entsenden. So stellt man sicher, dass ausreichend Fachkompetenz im Team ist. Um Risiken früh begegnen zu können und bei Bedarf weitere Ressourcen hinzuzufügen, stellt man zusätzlich noch ein Auftraggeber-Team, bestehend aus den entsprechenden Abteilungsleitern, zusammen. In großem Rahmen findet der Projektauftakt statt. Beim nächsten Treffen des Projektteams in zwei Wochen ist nur die Hälfte des Teams anwesend, der Rest ist entschuldigt. Ein Jahr später ist nur ein kleiner Teil des Projektbudgets ausgegeben, Teile des Teams sind ausgewechselt worden, weil die Experten keine Zeit haben, und der Leiter der Produktion hat darum gebeten, seinen Experten erst dann wieder zu bemühen, wenn ein brauchbares Produktkonzept zwischen Marketing und Entwicklung abgestimmt ist. Zwei Jahre nach Projektstart plant der Automobilzulieferer, ein neues Entwicklungsprojekt zu starten, da das vorherige mittlerweile schon veraltet ist.

Das Beispiel illustriert, wie Verhaltensweisen, die für Projekte ohne Risiko vielleicht angemessen sind, Projekte mit hohem Risiko von vornherein zum Scheitern verurteilen.

4.4.2   Ownership durch Selbstorganisation

Der Schlüssel zum Umgang mit Risiko ist Ownership. Mit Ownership bezeichnen wir den emotionalen Zustand der Identifikation mit dem Objekt, der persönlichen Hingabe und des Einsatzes. Ownership geht weit über die Bereitschaft zur reinen Umsetzung eines Projekts hinaus. Der Sprung zur Ownership ist nicht selbstverständlich, da er nur freiwillig erfolgen kann.

Einen betroffenen Mitarbeiter können wir zum beteiligten Mitarbeiter machen. Wir können einem Mitarbeiter neben Aufgaben auch Autorität und Verantwortung delegieren, bleiben als Vorgesetzte jedoch nach wie vor für das Ergebnis verantwortlich. Durch Zielvereinbarungen und Anreize können wir den Mitarbeiter am Erfolg beteiligen. Die emotionale Bindung jedoch kann nur vom Mitarbeiter selbst ausgehen. Sie ist Voraussetzung für Innovation mit hohem Risiko (Huy 2002).

Um den Übergang zur Ownership gangbar zu machen, greifen wir zum Mechanismus der Selbstorganisation, den wir mit den Prinzipien Reframing, Rhythmus und Impuls aufbauen können.

Ownership
Zitat:

> Ich habe wie Ihr alle Angst, dass wir das Projekt nicht schaffen, aber wenn wir die Gelegenheit jetzt nicht nutzen, werde ich mir mein Leben lang Vorwürfe machen.
> Teammitglied in der Innovation Cell

Herausforderung: Das Unternehmen hatte sich auf dem Erfolg ausgeruht und einen wichtigen Markttrend versäumt, den die Experten damals wie heute als überflüssig und töricht bewerteten. Mit einem Gewaltakt wollte die Geschäftsleitung dem weit vorausliegenden Wettbewerb zeigen, dass man im Stande war, gleiche oder gar bessere Produkte für den Markt zu entwickeln.

Lösungsansatz: Ein Team aus jungen Mitarbeitern wurde in einen Raum außerhalb des Firmengeländes gesetzt. Jeden zweiten Tag kamen die vier Experten, die Jury, und ließen sich vom Team den Fortschritt präsentieren, um diesen dann ausgiebig zu kritisieren.

Ergebnis: Am dritten Jury-Treffen wurde das Team emotional. In der darauf folgenden einstündigen Krisensitzung des Teams kam es zur offenen Aussprache und anschließend zum „Schwur" im Team. Die darauf folgenden Tage waren ausgesprochen kreative und das Team überzeugte die Jury nicht nur durch ein sich jetzt schnell entwickelndes und tragfähiges Konzept, sondern auch durch eine sehr geschlossene Präsentation im Team.

Erklärung: Durch Einsatz der Prinzipien Rhythmus, Impuls, Stellhebel, Reframing, Innerer Kompass entsteht nach einer kurzen Phase des Chaos die Selbstorganisation (für eine detaillierte Beschreibung siehe unten).

Prinzipien	Managementebene	Managementphasen			Schwierigkeit
🔊🎨🖊️🏵️🌀	Einzelprojekte		Org.		mittel

Was ist in dem Fallbeispiel passiert? Im ersten Schritt hat das Unternehmen die Aufgabe nicht, wie wahrscheinlich erwartet, den Experten, sondern einem jungen Team gegeben. Anschließend erfolgte die Isolierung des Problems (Reframing-Prinzip), indem man das Team dediziert in einen Raum außerhalb des Firmengeländes setzte. Die Angst des Versagens ist im jungen Team ausgeprägt und wird durch die Isolation und die Konfrontation mit den Experten noch verstärkt (Impuls-Prinzip). Dann wurde nach der Ihnen jetzt schon bekannten Methode Flow erzeugt (Impuls- und Rhythmus-Prinzip).

Durch die Interaktion innerhalb des Teams, durch das kritische positive und negative Feedback der Jury und natürlich durch die Eroberung neuen Wissens zum Projekt sind alle Zutaten für ein selbstorganisierendes System vorhanden (Guastello 2010; Haken 2005; Tschacher und Haken 2007). Der emotionale Ausbruch zum dritten Jury-Treffen ist der kritische Punkt, auch „Bifurkationspunkt" genannt, ab dem das Projektteam beginnt, sich selbst zu organisieren (Anderson-Klontz 1999). Der Punkt wird als kritisch gesehen, weil er zwischen zwei stabilen Ordnungen vermittelt. Ohne den Bifurkationspunkt gäbe es jedoch keinen Übergang in eine neue Ordnung. In der Krisensitzung entscheidet sich, ob das Team Ownership annimmt oder nicht. Um die Annahme der Ownership zu begünstigen, wurden in die Zielvereinbarung Abbruchkriterien aufgenommen, die dem Team einen Ausstieg einfach machten. Ist das Team bereit, die Aufgabe dennoch zu übernehmen, so ist die Wahrscheinlichkeit hoch, dass die Aufgabe erfolgreich abgeschlossen werden kann. Ownership ist einer der frühesten Indikatoren für den Projekterfolg und damit gleichzeitig auch Innerer Kompass (Innerer Kompass-Prinzip).

Die 5 Prinzipien für Innovation stellen in diesem Fall sicher, dass auch die Rahmenbedingungen, unter denen selbstorganisierende Systeme entstehen können, erfüllt sind. Nehmen wir nur ein Prinzip heraus, so wird auch die Selbstorganisation geschwächt, wie das nächste Beispiel zeigt:

Beispiel

Die Unternehmensleitung möchte auf Nummer sicher gehen und setzt vor das Team noch einen Projektleiter. Das Team nimmt die Arbeit auf. Kurz vor dem dritten Jury-Termin meldet sich eines der Teammitglieder beim Projektleiter ab mit der Erklärung, es ginge ihm nicht gut. Am nächsten Tag erhält der Projektleiter den Anruf vom Vorgesetzten des fehlenden Teammitglieds mit dem Hinweis, das Teammitglied hätte ihn gebeten vom Projekt zurücktreten zu dürfen. Es sei ja im Übrigen auch unverantwortlich, die dringende Tagesarbeit wegen eines verträumten Projektes liegen zu lassen.

Was war passiert? Durch das Zwischenschalten eines Projektleiters wird der für den Flow wichtige Impuls geschwächt. Im Team kann der Flow-Zustand nicht aufgebaut werden (vgl. Abb. 4.2). Die Selbstorganisation des Teams entwickelt sich aufgrund der deutlich zurückgehenden Interaktion im Team nicht.

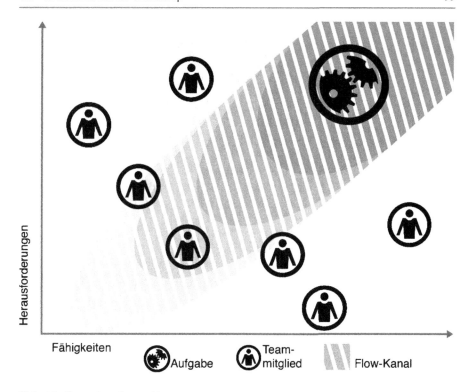

Abb. 4.2 Team ohne Ownership

4.4.3   Flow im Fließgleichgewicht

Das durch Selbstorganisation geprägte Innovationsteam besitzt eine ungewöhnliche innere Struktur. Das Team der Innovation Cell ähnelt – bildlich ausgedrückt –einem Ring, der durch die Impulse der Jury geschmiedet wird, siehe Abb. 4.3.

Dieser Ring umschließt die gestellte Aufgabe. Hat die Innovation Cell eine besonders herausfordernde Aufgabe, so wird das Team sich dieser Aufgabe leidenschaftlich hingeben, mit der Herausforderung wachsen und erst dann aufhören, wenn das Problem gelöst ist oder das Team nach Erkundung aller möglichen Lösungsansätze zur Erkenntnis kommt, dass es keine Lösung gibt. Selbstverständlich ist im Vorfeld darauf zu achten, dass die Aufgabe lösbar ist. Sonst ist das Team überfordert und wird sich der Aufgabe nicht annehmen (Amabile et al. 1996).

Hinweis: Bitte beenden Sie eine Innovation Cell immer mit einer Party, auch – oder gerade – dann, wenn keine Lösung gefunden wurde.

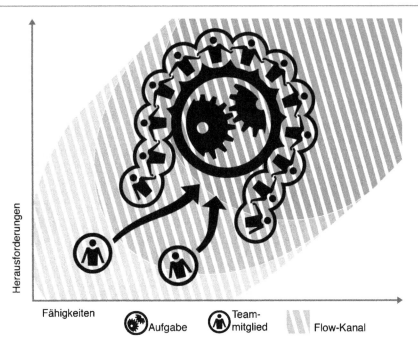

Abb. 4.3 Team mit Ownership

Projektabschlussparty

Zitat:

> So effektiv haben wir unseren Prozess nicht organisiert. Ich möchte gern von Euch
> lernen. Entwicklungsleiter aus einem befreundeten Unternehmen

Herausforderung: Ein internationales Projektteam hatte Monate lang intensiv an der Neugestaltung eines zentralen Unternehmensbereiches gearbeitet.
Die Erwartungen von den Kunden und Auftraggebern des Projektteams wurden voll erfüllt. Gleichzeitig hat das Team erfolgreich zahlreiche Prozess-
verbesserungen, neue Methoden und Werkzeuge eingeführt. Es galt nun, den
Erfolg zum Projektabschluss zu würdigen und in weiteren Unternehmensbereichen Vertrauen in die geschaffenen Lösungen aufzubauen.

Lösungsansatz: Es wurde eine Projektabschlussparty organisiert. Die Party
bestand aus Fachvorträgen zu den erarbeiteten Ergebnissen, Diskussionsrun-
den und natürlich einem geselligen Teil. Zu dieser Party wurden neben dem
Top-Management des betrachteten Unternehmens auch Führungskräfte aus
Unternehmen anderer Branchen eingeladen. Als Bonus wurde für die externen Gäste eine Werksführung durchgeführt.

Ergebnis: Die Ergebnisse des Projektteams wurden für die Organisation
sichtbar gewürdigt. Sogar der Vorstandsvorsitzende nahm sich die Zeit zum

Projektabschluss zu kommen. Die Bestätigung und Diskussion mit erfahrenen externen Führungskräften eröffnete neue Perspektiven und förderte den Stolz auf die geleistete Arbeit. Die Teilnehmer konnten viele neue Anregungen aufnehmen und Gegenbesuche vereinbaren. Das Top-Management konnte die Ergebnisse genauer überschauen und, durch den Vergleich mit anderen Unternehmen, besser einordnen. Das Projektteam fühlte sich bestätigt und fand neue Motivation die erarbeiteten Ergebnisse konsequent umzusetzen.

Erklärung: Durch die Einführung des Impuls-Prinzips wurde der erfolgreiche Abschluss besonders gewürdigt. Durch die Einbeziehung von Fachleuten aus anderen Unternehmen wird ein besonderer Ansporn gesetzt.

Prinzipien	Managementebene		Managementphasen		Schwierigkeit
☯	Unternehme			Org.		leicht

Im Gegensatz zu klassisch geformten Teams ist das Innovation Cell-Team bereit, auch extreme Herausforderungen anzunehmen und umzusetzen. Die Innovation Cell sieht sich als Owner und ist durch den Flow konzentriert. Hat sie einmal den Zustand höchster Konzentration erreicht, lässt sich das Team von der gestellten Aufgabe kaum mehr ablenken. In dieser Hinsicht agiert sie wie der Unternehmer selbst. Sie ist in dem „glücklichen Zustand des Ownership". Als Flow-Team hat die Innovation Cell für ihre Arbeit ein Fließgleichgewicht, oder „steady-state equilibrium", erreicht. Die volle Leistungsbereitschaft des Teams kann auf die Aufgabe fokussiert werden. Das Team lernt mit der Herausforderung. Jedes Teammitglied wächst. Das Besondere dabei ist: Es macht allen Teammitgliedern einen riesigen Spaß!

Über dieses Buch
Zitat:

Ich wusste, dass wir viel schaffen können. Dass wir tatsächlich ein komplettes Buch in zwei Wochen schreiben würden, hätte ich nie erwartet. Eine einmalige Erfahrung. Einer der Autoren

Herausforderung: Es bestand die Idee, einen völlig neuen Ansatz zum Managen von Innovation zu verfassen. Die Umrisse des Themas waren bekannt. Einige Themengebiete mussten jedoch noch konkretisiert und in Zusammenhang mit den anderen Prinzipien gebracht werden. Das Ergebnis sollte ein Buch sein.

Lösungsansatz: Das Team der Autoren suchte sich einen ruhigen Ort auf der Ostseeinsel Usedom und setzte sich das Ziel, innerhalb von zwei Wochen das Buch fertigzustellen. Die Grundausstattung bestand aus einer Vielzahl an Fachbüchern, Laptops und einer leistungsfähigen Kaffeemaschine.

Für jeden Tag wurde eine Agenda erstellt, die sich aus den bestehenden Risiken und Herausforderungen ableitete. Ähnlich der Methode der Innovation Cell wurden zuerst Themen innerhalb des Gesamtteams besprochen, um sich anschließend in kleinere Gruppen aufzuteilen. 90-minütige Arbeitsphasen, gefolgt von einer halben Stunde Pause, gaben den Arbeitstakt des Teams vor. Regelmäßig wurden die Ergebnisse begutachtet und kontinuierlich dokumentiert. Kritik und Anregungen für die Arbeitsergebnisse gab es regelmäßig von den anderen Teammitgliedern, so dass fortwährend in kleinen Schritten auf das Ziel zu gearbeitet werden konnte.

Ergebnis: Was Sie gerade in Ihren Händen halten, ist das Ergebnis dieser zwei Wochen. Begonnen nur mit Ideen, Konzepten und einem leeren Blatt Papier, konnten wir unser Ziel erreichen und das Buchprojekt abschließen. Das Buch ist Ergebnis und gleichzeitig ein weiterer Beleg dafür, dass die 5 Prinzipien des verhaltensorientierten Managements auch in für uns nicht alltäglichen Fällen funktionieren.

Erklärung: Die Anwendung der Prinzipien Rhythmus, Impuls, Reframing, Stellhebel und Innerer Kompass haben uns befähigt dieses Buch zu schreiben. Dabei möchten wir uns besonders bei unserer Jury bedanken, die uns neben wichtigen Hinweisen auch deutliche Impulse bis hin zu Versagensängsten geliefert haben.

Prinzipien	Managementebene	Managementphasen			Schwierigkeit
⊙②②①③④	Einzelprojekte		Org.		mittel

4.4.4 Überraschende Eigenschaften einer Innovation Cell

Die einsetzende Selbstorganisation lässt sich in der Innovation Cell über lange Zeit halten. In dieser Zeit besitzt die Innovation Cell wesentliche Eigenschaften eines komplexen adaptiven Systems (Fryer 2010). Die Eigenschaften sind für den normalen Managementalltag ungewöhnlich. Hier einige Beispiele:

- Eine Innovation Cell muss nicht perfekt sein, um in ihrem Umfeld aufzublühen. Sie muss nur ein klein wenig besser sein als die Aufgabenstellung erfordert. Dies ist wichtig für die Besetzung des Teams. Eine heterogene Mischung bezüglich der fachlichen Ausrichtungen, Leistungsvermögen und Persönlichkeiten funktioniert besser als ein Team nur aus Experten.
- Eine Innovation Cell muss und darf nicht durchgeplant oder eng kontrolliert werden; die Teammitglieder interagieren in für den Außenstehenden zufällig erscheinenden Schritten. Die Interaktionsmuster einer Innovation Cell ergeben sich aus der Interaktion der Teammitglieder und der Innovation Cell selbst. Wie

z. B. Termiten keinen Bauplan für den Termitenbau benötigen, so benötigt die Innovation Cell auch keinen großen Plan.

- Innovation Cells können geschachtelt werden, d. h. eine Innovation Cell kann sich teilen oder weitere Innovation Cells für Unterprojekte nutzen.

Diese Eigenschaften können wir uns zu Nutze machen, um radikale Innovationen, Veränderungsprojekte oder gar den Aufbau neuer Unternehmenseinheiten durchzuführen.

4.4.5 Taktisches Vorgehen bei radikalen Innovationen

Über Work Cells haben wir erfahren, dass sie mit Risiko umgehen können. Wir sollten daher auch annehmen, dass eine Innovation Cell mit Risiko arbeiten kann. Für den Umgang mit dem hohen Risiko radikaler Innovationen und Veränderungen ist es notwendig, dass das Team selbst das Reframing-Prinzip anwendet. Es gilt, die Innovationsaufgabe zuerst zu „umzingeln", um sie dann gemeinsam „anzugreifen".

Aus der Ferne betrachtet erscheinen radikale Innovationen besonders attraktiv. Bei näherem Hinschauen entdeckt man jedoch schnell viele ungelöste Probleme. Die wirklichen Ursachen und Abstellmaßnahmen für die Probleme liegen dabei häufig gar nicht im direkten Umfeld der zunächst wahrgenommenen Aufgabe.

Backtracking

Zitat:

> Wir befanden uns an einer Weggabelung und mussten uns entscheiden: rechts oder links. Rechts erschien uns erfolgsversprechender. Tage später kamen wir wieder zur Weggabelung zurück, denn ‚rechts' hatte sich als Sackgasse herausgestellt. Mitarbeiter der Innovation Cell

Herausforderung: Das Produkt war von der Idee her bestechend, doch alle wussten, dass man mit vielen Problemen auf dem Weg rechnen musste. Es war jedem klar, dass sich viele vermeintliche Lösungswege als nicht machbar herausstellen würden. Es bestanden zwei besondere Herausforderungen:

- Wie behalten wir die genauen Projektannahmen im Kopf, die beim letzten Beschreiten der Weggabelung galten (Backtracking-Problem)
- Was machen wir, wenn wir in einer Sackgasse eine Lösung für ein ganz anderes Problem finden (Spin-off)?

Lösungsansatz: Das Team setzte eine Person speziell als Ausguckposten (Spitzname: Krähennest) ein. Seine Aufgabe war es, bei jeder Weggabel die alternativen Wege auf Brauchbarkeit zu prüfen und die Annahmen zu dokumentieren, unter denen Wege beschritten wurden. Wenn das Team auf dem Weg attraktive Lösungen für ganz andere Probleme fand, so meldete das Team diese an den Auftraggeber zurück, ohne sie jedoch weiter zu verfolgen.

Ergebnis: Das Team blieb in der Lösungssuche sehr fokussiert und konnte das Produkt realisieren. Es fand zudem einen Spin-off, der später sogar noch mehr Gewinn einbrachte als das ursprünglich gesuchte und realisierte Produkt.

Erklärung: Durch die Einführung des Reframing-Prinzips ist das Team in der Lage, verschiedene Navigationsstränge zu verfolgen, ohne dabei die Annahmen oder Erkenntnisse aus einem Navigationsstrang mit denen eines anderen zu verwechseln.

Prinzipien	Managementebene	Managementphasen				Schwierigkeit
⊛	Einzelprojekte				Strg.	mittel

An dem Beispiel ist zu erkennen, dass wir gut daran tun, der Innovation Cell einen nicht zu engen Zielkorridor vorzuschreiben. Gerade für radikale Innovationen laufen die Navigationsstränge (siehe Abschn. 3.3.1) nicht gradlinig auf ein Ziel zu. Sie werden sich wahrscheinlich sogar teilen und das Innovation Cell-Team benötigt die Freiheit, die unterschiedlichen Stränge ggfs. auch zu verfolgen. Hinweis: An dieser Stelle ist ein hohes Maß an methodischer Kompetenz in Konstruktionsmethodik und systematischem Vorgehen nötig, um Sackgassen in den Navigationssträngen schnell zu erkennen und „unfallfrei" zur letzten Kreuzung zurückzufinden.

4.4.6   Der große Raum

Für Innovationsprozesse in Organisationen lassen sich Innovation Cells einer ganz besonderen Art anwenden. Bei großen Veränderungen in Unternehmen sind viele Mitarbeiter betroffen, meist deutlich mehr als gemeinsam in einem Team arbeiten können. Bei Veränderungsprozessen wirken daher oft nur Schlüsselpersonen aus Management und Mitarbeitern aktiv an der Gestaltung und Steuerung der Veränderung mit. Hier können wir auf die bewährte Methode der „funktionsübergreifenden Obeya" (Obeya=„großer Raum") zurückgreifen (Morgan und Liker 2006).

Obeya in einer Innovation Cell

Zitat:

> Das intensive Arbeiten von uns Führungskräften in einem einzelnen Raum führte zu deutlich verbesserter Abstimmung und effektiverer Arbeit. Wir werden auch nach Ende des Projektes nicht mehr in unsere Einzelbüros zurückkehren. Leiter CAD/ CAE

Herausforderung: Ein umfangreiches Veränderungsprojekt wurde gestartet. Aufgrund des hohen Risikos und der hohen Bedeutung des Projekts wurde dieses in Form einer Innovation Cell geplant. Doch wie konnten die zahlreichen involvierten Fachbereiche effektiv beteiligt werden?

Lösungsansatz: Die Innovation Cell wurde aus den Führungskräften der involvierten Fachbereiche zusammengesetzt. Die Führungskräfte nahmen dediziert und kollokiert in einem Raum an der Innovation Cell teil. Die Teilnehmer wurden bewusst nicht von ihren Führungsaufgaben im laufenden Tagesgeschäft freigestellt.

In der Innovation Cell wurden die Entscheidungen im Team getroffen und dann durch die Führungskräfte an ihre jeweiligen Mitarbeiter weitervermittelt. Bei Bedarf konnten die Mitarbeiter die Arbeit der Innovation Cell unterstützen. Zwischenergebnisse wurden visuell aufbereitet und in Form von DIN A0-Postern im Raum der Innovation Cell ausgehangen. Schlüsselpersonen anderer Fachbereiche konnten anhand der Poster schnell durch die erzielten Ergebnisse durchgeführt werden.

Ergebnis: Es wurde eine breite Verankerung der Innovation Cell im Unternehmen erreicht. Die Innovation Cell war eng mit dem Rest des Unternehmens gekoppelt. Arbeitsergebnisse sowohl aus den Fachbereichen als auch aus der Innovation Cell konnten direkt aufgenommen und weiterverarbeitet werden. Durch die tägliche enge Abstimmung und die gemeinsame Arbeit formte sich aus den Führungskräften ein wirkliches Führungsteam. Dies wurde im gesamten Unternehmen deutlich wahrgenommen, oft mit Anerkennung, manchmal sogar mit Bewunderung.

Erklärung: Durch die besondere Nutzung der Prinzipien Rhythmus, Innerer Kompass, Stellhebel, Reframing und Impuls wird der bereichsübergreifende Veränderungsprozess bei gleichzeitigem Betrieb trainiert und umgesetzt. (Details siehe unten)

Prinzipien	Managementebene		Managementphasen		Schwierigkeit
⊙⟳∅⊛⟲	**Unternehmen**		**Org.**	**Strg.**	**schwer**

Die Schlüsselpersonen der beteiligten Bereiche ziehen von Ihren bisherigen Büros oder Arbeitsplätzen in einen gemeinsamen „großen Raum" im Unternehmen (Reframing-Prinzip). Die Schlüsselpersonen arbeiten dediziert, das heißt Vollzeit, in der Innovation Cell, behalten jedoch weiterhin die Verantwortung für ihre bisherigen Aufgaben. Die ungewohnte Umgebung und die Tuchfühlung zu Kollegen, mit denen man sich vorher vielleicht nur in Besprechungen traf, führen bei Einzelnen zur Verunsicherung und zusammen mit der anstehenden Veränderungsaufgabe zu Versagensängsten (Impuls-Prinzip). Was sich zunächst als ein extremer Spagat für die Beteiligten anfühlt, bewahrheitet sich nach kurzer Zeit als der kritische Erfolgs-

faktor des Veränderungsprozesses. Die Innovation Cell nutzt visuelles Management, um die Transparenz für den Status des laufenden Geschäfts und den Veränderungsprozess deutlich zu machen. Nur das, was man messen und visualisieren kann,
kann auch verändert werden (Stellhebel-Prinzip). Der Zyklus Plan-Do-Check-Act
(PDCA; Deming 1986) wird zur Steuerung des Veränderungsprozesses genutzt
(Reframing- und Rhythmus-Prinzip).

Eine Innovation Cell für einen Veränderungsprozess kann die Veränderung als
emergentes Ergebnis erschaffen, d. h. es kann auch mit groben Vorgaben umgehen
und den Freiraum nutzen, um eine Veränderung zu erreichen, die für das Umfeld
eventuell sogar besser ausfällt als es mit einer detaillierten Vorgabe und Planung
möglich gewesen wäre.

4.4.7 Ausblick: Das Fraktale Unternehmen

Die Innovation Cell ist mehr als nur die Summe ihrer Teile. Durch die gewonnene
Ownership kann sie vielfältig eingesetzt werden. So kann sie z. B. auch wie ein
Venture- oder Start-up-Unternehmen agieren. Im Gegensatz zum neu aufgesetzten
Venture hat die Innovation Cell den großen Vorteil, auf eine funktionierende Infra-
struktur im Mutterunternehmen zurückgreifen zu können. Ist die Innovation Cell
erfolgreich, kann eine Eingliederung oder Ausgründung immer noch stattfinden.
Sollte sich die Aufgabe der Innovation Cell als unlösbar herausstellen, so ist eine
Wiedereingliederung unproblematisch und besitzt keine für die Teilnehmer nach-
teiligen Folgen.

Starthilfen für das Verhaltensorientierte Innovationsmanagement

5

Erinnern wir uns an den Ausgangspunkt in Kap. 1: Das Verhaltensorientierte Innovationsmanagement (VIM) ergänzt das objektorientierte Innovationsmanagement (OIM), indem es den beteiligten Menschen auch als Subjekt in das Geschehen integriert, siehe Abb. 5.1.

Die ganzheitliche Einbindung der beteiligten Personen ermöglicht die Anwendung der 5 vorgestellten Prinzipien, auch für komplexe Aufgaben wie das Taktische Management oder die Entstehung von Flow-Teams.

Im Folgenden geben wir Ihnen Tipps, wie Sie das VIM in Ihrem eigenen Umfeld in Gang setzen können:

* Konkrete Maßnahmen, die Sie in jedem Fall selbst ergreifen können
* Fallbeispiele zur Nachahmung

5.1 Konkrete Maßnahmen, die Sie in jedem Fall selbst ergreifen können

Bei diesen Maßnahmen geht es darum, dass Sie den Blick öffnen und ein Gespür entwickeln für das, worauf es im Verhaltensorientierten Innovationsmanagement ankommt. Am Besten schaffen Sie das durch tägliche Übung. Drei Maßnahmen wollen wir Ihnen vorstellen und zur sofortigen Umsetzung empfehlen. Sie folgen inhaltlich den drei vorangehenden Kapiteln.

5.1.1 VIM-Monitor

Wir beginnen mit einer denkbar einfachen Übung für die 5 Prinzipien des VIM aus Kap. 2. Sie nehmen Abb. 5.2 als Kopiervorlage und füllen arbeitstäglich den darin abgebildeten „VIM-Monitor" aus. Das kostet Sie am Ende eines Arbeitstages gerade einmal fünf Minuten. Dafür erfahren Sie auf einen Blick, wie weit Sie schon in die Sphäre des VIM vorgedrungen sind.

B. Wördenweber et al., *Verhaltensorientiertes Innovationsmanagement,*
DOI 10.1007/978-3-642-23255-8_5, © Springer-Verlag Berlin Heidelberg 2012

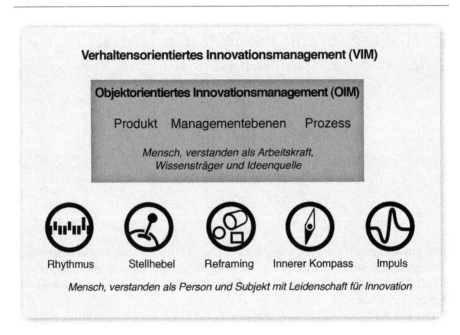

Abb. 5.1 Abgrenzung von Verhaltens- und Objektorientiertem Innovationsmanagement

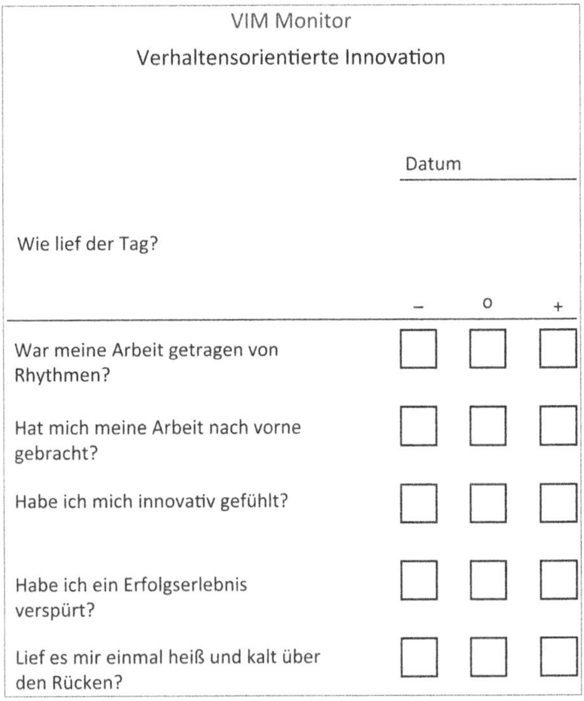
VIM Monitor

Verhaltensorientierte Innovation

Datum

Wie lief der Tag?

	–	o	+
War meine Arbeit getragen von Rhythmen?	☐	☐	☐
Hat mich meine Arbeit nach vorne gebracht?	☐	☐	☐
Habe ich mich innovativ gefühlt?	☐	☐	☐
Habe ich ein Erfolgserlebnis verspürt?	☐	☐	☐
Lief es mir einmal heiß und kalt über den Rücken?	☐	☐	☐

Abb. 5.2 VIM-Monitor

Die fünf im VIM-Monitor gestellten Fragen sind gewissermaßen der Lackmus-Test für die 5 Prinzipien. Überwiegend negative Antworten signalisieren Veränderungsbedarf. Sie sind dann vermutlich nur Betroffener, aber nicht Beteiligter des Innovationsgeschehens. Überwiegend positive Antworten deuten an, dass Sie wirkungsvoll am Innovationsgeschehen beteiligt sind, vielleicht sogar im Flow arbeiten.

Erinnern Sie sich an das Fallbeispiel vom „Quälgeist-Monitor"? Vielleicht entwickelt sich der VIM-Monitor bei Ihnen ja auch zu einem Inneren Kompass und initiiert in kurzer Zeit schon eine Verhaltensänderung nicht nur bei Ihnen, sondern in Ihrem organisationalen Umfeld.

5.1.2 Motivations-Portfolio

Auch dieses Instrument ist sehr einfach anzuwenden, aber nicht minder mächtig. Es greift das dynamische Spielfeld der Motivation auf, das Sie mit dem Reframing-Prinzip kennengelernt haben, und es führt hin zum Taktischen Management aus Kap. 3.

Zur Erinnerung: Das dynamische Spielfeld öffnet den Blick auf die eigenen Handlungsoptionen entlang der Dimensionen Einfluss und Perspektive. Stellen Sie sich zum Einstieg in das VIM doch einmal selbst diese Fragen:
- Welche Handlungsoptionen beschäftigen mich persönlich?
  Denken Sie dabei zur Übung ruhig an alle Lebensbereiche, nicht nur an Ihre Berufstätigkeit. Und denken Sie dabei auch an solche Handlungsoptionen, die Ihnen aktuell als nicht erreichbar erscheinen.
- Inwieweit kann ich selbst schon die Realisierung der Optionen beeinflussen? (Einfluss)
- Erreiche ich mit der Realisierung der Optionen meine persönlichen Ziele? (Perspektive)

Abbildung 5.3 zeigt das persönliche Motivations-Portfolio am Beispiel eines Abiturienten.

Scheuen Sie sich bei Ihrem Portfolio nicht davor, die Handlungsoptionen entlang der zwei Achsen zu positionieren. Es kommt nicht auf die letzte Präzision an. Vielmehr ist interessant, wo Ihr Portfolio den Schwerpunkt hat und ob manche Felder überhaupt nicht besetzt sind. Sobald Ihr Portfolio steht, können Sie beginnen, die Optionen entsprechend den Ihnen zur Verfügung stehenden Ressourcen auszuwählen.

Unter Umständen benötigen Sie für manche Optionen Zwischenschritte, weil Sie zunächst noch zu wenig Einfluss oder Fähigkeiten haben. Die Zwischenschritte sollten Sie dann so abgrenzen, dass diese im Sweet-Spot liegen und sich mit großer Wahrscheinlichkeit realisieren lassen. D. h., Sie entwickeln Navigationsstränge – ganz im Sinne des Taktischen Managements aus Kap. 3. Damit können Sie verfolgen, wie die ursprünglich betrachtete Option sich Schritt für Schritt immer mehr dem Sweet-Spot nähert und schließlich realisierbar wird.

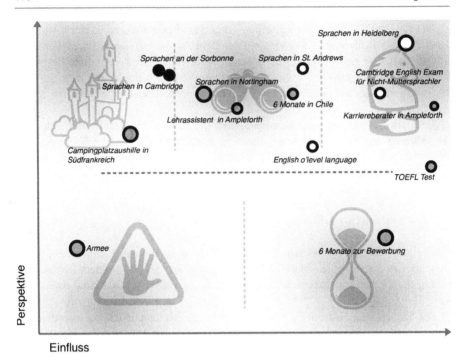

Abb. 5.3 Persönliches Motivations-Portfolio

All das kann zunächst spielerisch und ohne reale Schadensgefahr geschehen. Sie sollten jedoch schon bald damit beginnen, erste Optionen aus Ihrem Portfolio für die wirkliche Umsetzung auszuwählen. Denn nur so entwickeln Sie ein Gespür für das dynamische Zusammenspiel von operativer Umsetzung, taktischem Spielraum und strategischer Absicht – bis hin zu deren Emergenz.

Mit diesem Wissen und dieser Fähigkeit lassen sich dann erste betriebliche Anwendungen des Taktischen Managements angehen.

5.1.3 Nemawashi

Die dritte Maßnahme zum Direkteinstieg in das VIM lässt sich auf Entscheidungen in Gruppen anwenden. „Nemawashi" (aus dem Japanischen) fördert das Gelingen der in Kap. 4 vorgestellten Organisationsformen der Work Cells und Innovation Cells.

Nemawashi bezeichnet eine informelle Art der Entscheidungsfindung, gerade auch unter hierarchisch Gleichgestellten. Erst wenn alle Beteiligten ihre Zustimmung zu einem Entscheidungsvorschlag gegeben haben, gilt die Entscheidung als getroffen. Dies erfordert gelegentlich mehr Zeit als eine Top-Down-Entscheidung, führt aber meist zu einer äußerst effizienten Beschlussumsetzung. Entscheidend für die Aufrechterhaltung des Abstimmungsprozesses ist es, dass die Beteiligten nur aus zwei Meinungen auswählen können:

- „Ja, ich stimme zu.“
- „Vielleicht, ich bin noch nicht überzeugt.“

Die Tatsache, dass die Ablehnung mit „Nein, ich stimme nicht zu.“ ausgeschlossen ist, hält den Austausch von Argumenten und Informationen aufrecht. Eine Stigmatisierung von Nein-Sagern oder Gruppenzwang werden dadurch vermieden.

Nemawashi lässt sich gut einsetzen, um die Subjektorientierung im Management zu unterstreichen. Nehmen Sie dazu die nächste Gruppenentscheidung und erklären Sie den Teilnehmern kurz die Spielregeln des Nemawashi. Nach der Formulierung des Beschlussvorschlags fordern Sie die Teilnehmer auf, sich von Ihren Plätzen zu erheben und bei Zustimmung in die eine Hälfte des Raumes zu gehen, bei „Vielleicht“ in die andere Hälfte.

Die Effekte sind verblüffend direkt und eindringlich:

- Jeder fühlt sich – auch körperlich spürbar – beteiligt.
- Jeder „bezieht Stellung“, im wahrsten Sinne des Wortes.
- Alle Personen stimmen sichtbar gleichberechtigt ab.
- Jeder erfährt räumlich die aktuelle Gruppenmeinung, d. h. auch, wie stark die Mitglieder in ihrer Meinung noch auseinanderliegen.

Subjektivität wird erlebbar.

Haben Sie keine Hemmungen, diese Methode anzuwenden! Erfahrungsgemäß bereitet sie den Teilnehmern sehr viel Freude. Sie fühlen sich ernst genommen, mit ihren Entscheidungen genauso wie mit ihren Fragen. Und der Entscheidungsprozess bleibt in Bewegung, oder umgekehrt formuliert: er schläft nicht ein, weder inhaltlich noch physisch.

5.2 Fallbeispiele zur Nachahmung

Die 33 Fallbeispiele aus den vorangehenden Kapiteln bieten sich zur Nachahmung in Ihrer eigenen Organisation an. Die Fallbeispiele sind an ihren Textenden klassifiziert nach den angewendeten Prinzipien, der betroffenen Managementebene, dem unterstützten Schritt im Managementprozess und dem Schwierigkeitsgrad. Abbildung. 5.4 fasst diese Information zusammen.

Sie können sich also – je nach Ihrem Einflussbereich – die für Sie direkt relevanten Fälle aussuchen und auf Ihre Organisation übertragen.

Für den Einstieg in das Verhaltensorientierten Innovationsmanagement eignen sich speziell diejenigen Fallbeispiele, die als „leicht“ kategorisiert wurden. Allein mit diesen wenden Sie schon alle 5 Prinzipien an und erreichen nahezu alle Managementebenen und Schritte im Managementprozess.

Warten Sie nicht zu lange damit! Tragen Sie die darin beschriebenen Methoden und Werkzeuge in Ihr persönliches Motivations-Portfolio (s. oben) als Handlungsoptionen ein. Sollten Sie noch zu wenig Einfluss für eine erfolgreiche Anwendung

	Prinzipien					Managementebenen				Managementphasen				Schwierigkeit		
	Rhythmus	Stellhebel	Innerer Kompass	Reframing	Impuls	Unternehmen	Portfolio	Einzelprojekt	Ressourcen	Zielsetzung	Planung/Entscheidung	Organisation/Durchführung	Kontrolle/Steuerung	leicht	mittel	schwer
Getaktete Entwicklung																
Innovation Board																
Innovationskalender																
Briefing																
Walk the ship																
Planen, um flexibel zu sein																
Geschäftsfeldfokus																
Marketing-Portfolio																
Visuelles Management																
Quälgeist-Monitor																
Frühindikator: Disziplin und Sicherheit																
Qualitätsradar																
Fieberthermometer für Projekte																
Kaizen entdecken																
Technologie Enabler																
Systematisches Erfinden																
Jeden Tag ein wenig besser																
Quick win																
E-Mail Countdown																
Zielvereinbarungen und Abbruchkriterien																
Marketing-Szenarien																
Kombination von Standard und Innovation																
Medienwechsel																
Von der Strategie zur Taktik																
Business Case für "es bleibt, wie es ist"																
Erneuerung der Unternehmensausrichtung I																
Erneuerung der Unternehmensausrichtung II																
Erneuerung der Unternehmensausrichtung III																
Work Cell																
Ownership																
Projektabschlussparty																
Über dieses Buch																
Backtracking																
Obeya in einer Innovation Cell																

Abb. 5.4 Fallbeispiele

haben, so arbeiten Sie sich taktierend an die Machbarkeit heran – z. B. über die vorgeschaltete Anwendung im nicht-beruflichen Umfeld.

Abschließend noch vier generelle Hinweise dazu:

- Haben Sie keine Scheu davor, dass das VIM auch einmal anders verläuft, als Sie es sich im Voraus überlegt haben.
- Rechnen Sie auch damit, dass die anderen von Ihren ersten Ansätzen des VIM begeistert sind.
- Versuchen Sie, das eigene Verhalten und das der anderen zu verstehen.
- Gehen Sie die nächsten Schwierigkeitsgrade erst dann an, wenn Sie durch Übung im kleineren Schwierigkeitsgrad ausreichend (Selbst-) Vertrauen aufgebaut haben.

Wir wünschen Ihnen viel Freude und Erfolg!

Literatur

Abuhamdeh S, Csikszentmihalyi M (2009) Intrinsic and extrinsic motivational orientations in the competitive context. An examination of person-situation interactions. J Pers 77(5):1615–1635

Alford RJ (2000) The regenerative organization. Natl Prod Rev 19(4):49–56 (Wiley)

Allen JP, Porter MR, McFarland FC, Marsh P, McElhaney KB (2005) The two faces of adolescents' success with peers. Adolescent popularity, social adaptation and deviant behavior. Child Dev 76(3):747–760

Altschulter Institute (Hrsg) (2002) WOIS and INNOWIS. Worcester, Philadelphia

Amabile TM, Conti R, Coon H, Lazenby J, Herron M (1996) Assessing the work environment for creativity. Acad Manag J 39(5):1154–1184

Anderson-Klontz BT, Dayton T, Anderson-Klontz LS (1999) The use of psychodramatic techniques within solution-focused brief therapy. A theoretical and technical Integration. Int J Action Methods 52(3):113–120

Asakawa K (2010) Flow experience, culture, and well-being. How do autotelic Japanese college students feel, behave, and think in their daily lives? J Happiness Stud 11(2):205–223

Bakker AB (2005) Flow among music teachers and their students. The crossover of peak experiences. J Vocat Behav 66(1):26–44

Beerens J, Goldbrunner T, Hauser R, List G (2005) Mastering the innovation challenge. Results of the Booz Allen Hamilton European innovation survey. In: Booz Allen Hamilton European Innovation Survey, 2005

Beisel R (1996) Synergetik und Organisationsentwicklung. Eine Synthese auf der Basis einer Fallstudie aus der Automobilindustrie. Universität Dissertation, München, 1993 (2., verbesserte Auflage. München: Hampp (Schriftenreihe Organisation & Personal, 6))

Belz A (2010) Innovation – when cash is tight. MWorld 9(1):30–32

Benjamin W (2002) Medienästhetische Schriften. Suhrkamp, Frankfurt a. M.

Berger J (2008) Ways of seeing. Penguin, London

Blanchard K, Johnson S (2002) Der Minuten-Manager. Neuausgabe. Rowohlt-Taschenbuch, Reinbek

Cannon W (1975) Wut, Hunger, Angst und Schmerz. eine Psychologie der Emotionen. Urban und Schwarzberg, München

Canosa RL (2009) Real-world vision. Selective perception and task. ACM Trans Appl Percept 6(2)

Capodagli B, Jackson L (2007) The Disney way. Harnessing the management secrets of Disney in your company. McGraw-Hill, New York (revised and fully updated edition)

Ceja L, Navarro J (2009) Dynamics of flow. A nonlinear perspective. J Happiness Stud 10(6): 665–684

Cemalcilar Z, Canbeyli R, Sunar D (2003) Learned helplessness, therapy and personality traits. An experimental study. J Soc Psychol 143(1):65–81

Christensen CM (2003) The innovator's dilemma. The revolutionary book that will change the way you do business. Harper Business Essentials, New York

Christensen CM (2004) Marktorientierte Innovation. Geniale Produktideen für mehr Wachstum. Campus, Frankfurt a. M.

B. Wördenweber et al., *Verhaltensorientiertes Innovationsmanagement,*
DOI 10.1007/978-3-642-23255-8, © Springer-Verlag Berlin Heidelberg 2012

Christensen CM, Anthony SD, Roth EA (2004) Seeing what's next. Using the theories of innovation to predict industry change. Harvard Business School Press, Boston

Cole MS, Bruch H, Vogel B (2005) Development and validation of a measure of organizational energy. In: Academy of management proceedings, New York, S V1–V6 Aug 2005

Cooper RG, Edgett SJ, Kleinschmidt EJ (2001) Portfolio management for new products, 2. Aufl. Perseus, Cambridge

Covey SR, Roethe A (2010) Die 7 Wege zur Effektivität. Prinzipien für persönlichen und beruflichen Erfolg, 16. Aufl. Gabal, Offenbach

Crow D (2008) Visible signs. An introduction to semiotics. AVA Academia, Switzerland

Csikszentmihalyi M (2000) Beyond boredom and anxiety. The experience of play in work and games. Jossey-Bass, San Francisco

Csikszentmihalyi M (2007a) FLOW. Das Geheimnis des Glücks, 13. Aufl. Klett-Cotta, Stuttgart

Csikszentmihalyi M (2007b) Kreativität. Wie Sie das Unmögliche schaffen und Ihre Grenzen überwinden, 7. Aufl. Klett-Cotta, Stuttgart

Deming WE (1986) Out of the crisis, 5 Aufl. Massachusetts Institute of Technology Center for Advanced Engineering Study, Cambridge

Dew N (2009) Serendipity in entrepreneurship. Org Stud 30(7):735–753

Dhawan SK, Roy S, Kumar S (2002) Organizational energy. An empirical study in Indian R&D laboratories. R&D Manag 32(5):397–408

Dittrich-Brauner K, Dittmann E, List V, Windisch C (2008) Großgruppenverfahren. Lebendig lernen - Veränderung gestalten: mit 6 Tabellen. Springer Medizin, Heidelberg

Drucker PF (1967) The effective executive. The definitive guide to getting the right things done. Collins, New York

Drucker PF (2007) Was ist Management? Das Beste aus 50 Jahren, 5. Aufl. Econ, München

Eisenberger R, Jones JR, Stinglhamber F, Shanock L, Randall AT (2005) Flow experiences at work. For high need achievers alone? J Org Behav 26(7):755–775

Ellis A (2001) Overcoming destructive beliefs, feelings, and behaviors. New directions for rational emotive behavior therapy. Prometheus Books, Amherst

Ellis A (2003a) Discomfort anxiety. A new cognitive-behavioral construct (Part I). J Ration-Emot Cogn Behav Ther 21(3/4):183–191

Ellis A (2003b) Discomfort anxiety. A new cognitive-behavioral construct (Part II). J Ration-Emot Cogn Behav Ther 21(3/4):193–202

Eschenbach R, Eschenbach S, Kunesch H (2008) Strategische Konzepte. Ideen und Instrumente von Igor Ansoff bis Hans Ulrich, 5. Aufl. Schäffer-Poeschel, Stuttgart

Eysenck MW, Keane MT (2004) Cognitive psychology. A student's handbook, 4 Aufl. Psychology Press, Hove

Fry S (2004) Making history. Arrow, London (new edition)

Fryer P (2010) What are complex adaptive systems? A brief description of complex adaptive systems and complexity theory. http://www.trojanmice.com/articles/complexadaptivesystems. htm. Zugegriffen: 8. Juli 2010

Fullagar CJ, Kelloway EK (2009) ‚Flow‘ at work. An experience sampling approach. J Occup Org Psych 82(3):595–615

GALLUP Consulting (2008) Employee engagement. What's your engagement ratio? Herausgegeben von GALLUP Press. http://www.gallup.com/consulting/File/121535/Employee_Engagement_Overview_Brochure.pdf. Zugegriffen: 15. Juli 2010

Gausemeier J, Plass C, Wenzelmann C (2009) Zukunftsorientierte Unternehmensgestaltung. Strategien, Geschäftsprozesse und IT-Systeme für die Produktion von morgen. Hanser, München

Gelbmann U, Vorbach S (2003) Strategisches Innovations- und Technologiemanagement. In: Strebel H (Hrsg) Innovations- und Technologiemanagement. WUV Universitätsverlag, Wien

Gemmill G, Smith C (1985) A dissipative structure model of organization transformation. Hum Relat 38(8):751–766

Gingerich WJ (2000) Solution-focused brief therapy. A review of the outcome researc. Fam Process 39(4):477–498

Gladwell M (2001) The tipping point. How little things can make a big difference. Little Brown and Company, New York

Goldratt EM, Cox J (2004) The goal. A process of ongoing improvement, 3. Aufl. North River Press, Great Barrington (revised edition)

Graeber CR, Rosekind MR, Connell LJ, Dinges DF (1990) Cockpit napping. A recent NASA study of pilots indicates that a pre-planned cockpit rest during a long-distance flight results in better behavioural performance and higher levels of physiological alterness. ICAO J 45:6–11

Gröger M (2004) Projektmanagement. Abenteuer Wertvernichtung. Eine Wirtschaftlichkeitsstudie zum Projektmanagement in deutschen Organisationen. Herausgegeben von MBA – Management Beratungsgesellschaft mbH. http://www.mba-beratung.de/download/MBA_001_s.pdf. Zugegriffen: 14. Juli 2010

Guastello SJ (2010) Self-organization and leadership emergence in emergency response teams. Nonlinear Dynam Psych Life Sci 14(2):179–204

Haken H (1997) Visions of synergetics. J Frankl Inst 334B(5/6):759–792

Haken H (2005a) Can synergetics be of use to management theory? In: Meynhardt T (Hrsg) Selbstorganisation managen. Beiträge zur Synergetik der Organisation. Waxmann, Münster, S 19–30

Haken H (2005b) Die Rolle der Synergetik in der Managementtheorie – 20 Jahre später. In: Meynhardt T (Hrsg) Selbstorganisation managen. Beiträge zur Synergetik der Organisation. Waxmann, Münster, S 17–18

Hal Leonard Pub Co (2007) The real book. Songbook, 6 Aufl. Hal Leonard, Milwaukee

Hamel G, Prahalad CK (1994) Competing for the future. Harvard Business School Press, Boston

Hansch D (2009) Erfolgsprinzip Persönlichkeit, 2. Aufl. Springer, Berlin

Harter JK, Schmidt FL, Hayes TL (2002) Business-unit-level relationship between employee satisfaction, employee engagement, and business outcomes. A meta-analysis. J Appl Psychol 87(2):268–279

Hauschildt J, Salomo S (2007) Innovationsmanagement, 4. Aufl. Vahlen, München (Vahlens Handbücher der Wirtschafts- und Sozialwissenschaften)

Henneke D, Lüthje C (2007) Interdisciplinary heterogeneity as catalyst for product innovativeness of entrepreneurial teams. Creat Innova Manag 16:121–132

Herstatt C, Verworn B (2007) Management der frühen Innovationsphasen. Grundlagen – Methoden – Neue Ansätze, 2. Aufl. Gabler, Wiesbaden

Hofstede G, Hofstede G, Mayer P (2009) Lokales Denken, globales Handeln. Interkulturelle Zusammenarbeit und globales Management, 4. Aufl. Deutscher Taschenbuch, München

Huy QN (2002) Emotional balancing of organizational continuity and radical change. The contribution of middle managers. Adm Sci Q 47(1):31–69

Idle E (1999) The road to Mars. A post-modem novel. Pantheon Books, New York

Isern J, Pung C (2006) Harnessing energy to drive organizational change. McKinsey & Co. (Hrsg) Voices on Transformation 2. London

Jaworski J, Zurlino F (2007) Innovationskultur. Vom Leidensdruck zur Leidenschaft; wie Top-Unternehmen ihre Organisation mobilisieren. Campus, Frankfurt a. M. (Management)

Jenner T (2003) Erfolg als Ursache von Misserfolg. Hintergründe und Ansätze zur Überwindung eines Paradoxons im strategischen Management. Die Betriebswirtschaft, 63(2):203–219

Johnson S (2002) Who moved my cheese? An amazing way to deal with change in your work and in your life. Putnam, New York

Johnson G, Scholes K, Whittington R (2008) Exploring corporate strategy. Text & cases, 8. Aufl. Financial Times Prentice Hall, Harlow

Juran JM, Höhlein H (1993) Der neue Juran. Qualität von Anfang an. Verlag Moderne Industrie, Landsberg

Kegan R, Lahey LL (2009) Immunity to change. How to overcome it and unlock the potential in yourself and your organization. Harvard Business Press, Boston

Keil M, Depledge G, Rai A (2007) Escalation. The role of problem recognition and cognitive bias. Decis Sci 38(3):391–421

Keller J, Blomann F (2008) Locus of control and the flow experience. An experimental analysis. Eur J Pers 22(7):589–607

Kertész I (1999) Roman eines Schicksallosen. Roman. Neuausgabe. Rowohlt-Taschenbuch, Reinbek bei Hamburg (rororo)

Kim WC, Mauborgne R (2005) Blue ocean strategy. How to create uncontested market space and make the competition irrelevant. Harvard Business School Press, Boston

Koch R, Mader F, Schöbitz B (2008) Das 80/20 Prinzip. Mehr Erfolg mit weniger Aufwand, 3. Aufl. Campus, Frankfurt a. M.

Lanzara GF (1983) Ephemeral organizations in extreme environments. Emergence, strategy, extinction. Manag Stud 20(1):71–95

Le Bon G (2009) Psychologie der Massen. Nikol, Hamburg

Leifer R (1989) Understanding organizational transformation using a dissipative structure model. Hum Relat 42(10):899–916

Leonard-Barton D (1992) Core capabilities and core rigidities. A paradox in managing new product development. Strateg Manag J 13(S1):111–125

Lethem J (2002) Brief solution focused therapy. Child Adolesc Mental Health 7(4):189–192

Lichtenstein BMB (2000) Emergence as a process of self-organizing. New assumptions and insights from the study of non-linear dynamic systems. J Org Chang Manag 13(6):526–544

Liker JK (2004) The Toyota way. 14 management principles from the world's greatest manufacturer. McGraw-Hill, New York

Liker JK, Meier D (2006) The Toyota way fieldbook. A practical guide for implementing Toyota's 4Ps. McGraw-Hill, New York

Linde H (2002) A strategy to challenge innovations by using TRIZ and applying productive innovation knowledge. Altschuler Institute (Hrsg) WOIS and INNOWIS. Worcester, Michigan

Luthans F, Luthans KW, Luthans BC (2004) Positive psychological capital. Beyond human and social capital. Bus Horiz 47(1):45–50

Mankins MC (2004) Stop wasting valuable time. Harvard Bus Rev 27–34

Mankins MC, Steele R (2005) Turning great strategy into great performance. Harvard Bus Rev 83(7/8):64–72

Maslow AH (1943) A theory of human motivation. Psychol Rev 50:370–396

Maslow AH (2008) Motivation und persönlichkeit, 11. Aufl. Rowohlt, Reinbek (rororo)

McDonough III EF (2000) An investigation of factors contributing to the success of cross-functional teams. J Prod Innov Manage 17(3):221–235

McGrath ME (1996) Setting the PACE in product development. A guide to product and cycle-time excellence. Butterworth-Heinemann, Boston (revised edition)

McGrath ME (2004) Next generation product development. How to increase productivity, cut costs, and reduce cycle times. McGraw-Hill, New York

Meynhardt T (Hrsg) (2005) Selbstorganisation managen. Beiträge zur Synergetik der Organisation. Waxmann, Münster

Miller PH, Scholnick EK (2000) Toward a feminist developmental psychology. Routledge, New York

Mintzberg H (2007) Tracking strategies: toward a general theory. Oxford University Press, Oxford

Mintzberg H (2009) Managing. Berrett-Koehler, San Francisco

Mintzberg H, Waters JA (1985) Of strategies deliberate and emergent. Strateg Manag J 6:257–272

Morgan JM, Liker JK (2006) The Toyota product development system. Integrating people, process, and technology. Productivity Press, New York

Niederstadt J (2009) Gewohnheiten verhindern Innovationen. Herausgegeben von Wirtschafts-Woche. http://www.wiwo.de/management-erfolg/gewohnheiten-verhindern-innovationen-405198/. Zugegriffen: 14. Juli 2010

Owen H (2001) Open space technology. Ein Leitfaden für die Praxis. Klett-Cotta, Stuttgart

Paesler O (2007) Technische Indikatoren. Das ideale Instrument für jeden erfolgsorientierten Anleger; Methoden, Strategien, Umsetzung. FinanzBuch, München

Panse W, Wilmsdorff H von (2010) Erfolgsfaktor Emotionen. Ziele sicher erreichen mit Soft Skills. Redline, München

Peter LJ, Hull R (2001) Das Peter-Prinzip oder die Hierarchie der Unfähigen. Neuausg. Rowohlt-Taschenbuch, Reinbek bei Hamburg (Rororo Rororo-Sachbuch, 61351)

Radermacher FJ (2006) Globalisierung gestalten. Die neue zentrale Aufgabe der Politik. Das Wirken des Bundesverbands für Wirtschaftsförderung und Aussenwirtschaft für eine globale Rahmenordnung einer Ökosozialen Marktwirtschaft. Terra Media, Berlin

Rath T, Harter J (2010) The economics of wellbeing. A new strategy for sustainable growth. Herausgegeben von GALLUP Press. http://www.gallup.com/consulting/File/126908/The_Economics_of_Wellbeing.pdf. Zugegriffen: 15. Juli 2010

Redpath R, Harker M (1999) Becoming solution-focused in practice. Edu Psych Pract 15(2): 116–121

Rosen D (2008) Talent management. Defining values and releasing organizational energy. Bus Renaiss Q 3(2):139–143

Roth S (1980) A revised model of learned helplessness in humans. J Pers 48(1):103–133

Saxena S, Shah H (2008) Effect of organizational culture on creating learned helplessness attributions in R&D professionals. A canonical correlation analysis. Vikalpa: J Decis Mak 33(2):25–45

Schulz D, Mirrione MM, Henn FA (2010) Cognitive aspects of congenital learned helplessness and its reversal by the monoamine oxidase (MAO)-B inhibitor deprenyl. Neurobiol Learn Mem 93(2):291–301

Schumpeter JA (2006) Theorie der wirtschaftlichen Entwicklung. Duncker & Humblot, Berlin

Schwartz T (2005) Fire on all cylinders. Leadersh Excell 22(9):15–15

Seligman MEP (2006) Learned optimism. How to change your mind and your life. Random House, New York

Shaughnessy A (2005) How to be a graphic designer, without losing your soul. Laurence king, London

Smith C, Gemmill G (1991) Change in the mall group. A dissipative structure perspective. Hum Relat 44(7):697–716

Specht G, Beckmann C, Amelingmeyer J (2002) F&E-Management. Kompetenz im Innovationsmanagement, 2. Aufl. Schäffer-Poeschel, Stuttgart

Stadjkovic AD, Luthans F, Slocum JW Jr (1998) Social cognitive theory and self-efficacy. Going beyond traditional motivational and behavioral approaches. Org Dyn 26(4):62–74

Steinberg L, Monahan KC (2007) Age differences in resistance to peer influence. Dev Psychol 43(6):1531–1543

Steinle C, Ahlers F (2008) Handbuch Multiprojektmanagement und -controlling. Projekte erfolgreich strukturieren und steuern. Schmidt, Berlin

Strategy of the Dolphins (1990) Scoring a win in a chaotic world. Ballantine Books, New York

Strebel H (Hrsg) (2003) Innovations- und Technologiemanagement. WUV Universitätsverlag, Wien

Strunk G, Schiepek G (2006) Systemische Psychologie. Eine Einführung in die komplexen Grundlagen menschlichen Verhaltens. Elsevier Spektrum Akademischer, München

Tschacher W, Haken H (2007) Intentionality in non-equilibrium systems? The functional aspects of self-organized pattern formation. N Ideas Psych 25(1):1–15

Tschichold J (2001) Erfreuliche Drucksachen durch gute Typographie. Eine Fibel für jedermann. Maro-Verlag, Augsburg

Tsung-Hsien K, Li-An H (2010) Individual difference and job performance. The relationships among personal factors, job characteristics, flow experience, and service quality. Soc Behav Pers: Int J 38(4):531–552

Vester F (2000) Die Kunst vernetzt zu denken. Ideen und Werkzeuge für einen Umgang mit Komplexität, 6. Aufl. Deutsche Verlags-Anstalt, Stuttgart

Walter F, Bruch H (2008) The positive group affect spiral. A dynamic model of the emergence of positive affective similarity in work groups. J Org Behav 29(2):239–261

Weisenfeld U (2009) Serendipity as a mechanism of change and its potential for explaining change processes. Manag Rev 20(2):138–148

WellPoint, Inc (2008) Corporate culture change. One person at a time. Profiles Divers J 10(3): 50–51

Womack JP, Jones DT, Roos D (1990) The machine that changed the world. Based on the Massachusetts institute of technology 5 million dollar 5 year study on the future of the automobile. Rawson Associates, New York

Wördenweber B, Weissflog U (2005a) Bestimmen oder gestalten? Möglichkeiten zur Organisation von Wissensarbeit im Unternehmen. Arrangement, Korbach

Wördenweber B, Weissflog U (2005b) Innovation cell. Agile teams to master disruptive innovation. Springer, Heidelberg

Wördenweber B, Wickord W, Eggert M, Größer A (2008) Technologie- und Innovationsmanagement im Unternehmen. Lean Innovation, 3. Aufl. Springer, Heidelberg

Yerkes RM, Dodson JD (1908) The relation of strength of stimulus to rapidity of habit formation. J Comp Neuro Psych 18:459–482

Sachverzeichnis

A

Abbruchkriterium, 64
Abstimmungsprozess, 111
Alumni-Netzwerk, 33
Anerkennung, individuellensoziale, 72
Angst, 61
 Existenzangst (Ego-Anxiety), 61
 Impuls für Innovation, 64
 Komfortangst (Discomfort-Anxiety), 61
 konstruktive, 63
Anspannung, 61
Aufmerksamkeit, erhöhte, 40
Auslösemechanismus, 61

B

Backtracking, 10, 103
Bedürfnis, körperliches, 72
Bedürfnispyramide
 nach Maslow, 8, 71
 organisationale, 8, 71
Belohnungssystem, 41
Beziehung, individuelle soziale, 72
Bezugsrahmen, 52
Bifurkationspunkt, 98
Blind-Spot-Analyse, 78, 81
Briefing, 23
Business Case, 76

C

Change Management, 5
Clusteranalyse, 55
Customer Relationship Management
 (CRM)-System, 83

D

Disziplin, 39
Drittelregel, 2
Dynamik, 58, 82

E

E-Mail Countdown, 62
Effektivität, 92
Effizienz, 92
Einflussmatrix, 28, 35
Emergenz, 82
Enterprise Ressource Planning (ERP)-System, 83
Entscheidungsfindung, 110
Entspannung, 61
Entwicklung, getaktete, 18
Entwicklungsprojekt, 18
Erfinden, systematisches, 54
Erfolgsfaktor, kritischer, 28, 79
Erfolgsindikator, 36
 Frühindikatoren, 36
 Spätindikator, 36
Erfolgswahrscheinlichkeit, 57
Existenzangst (Ego-Anxiety), 61, 67

F

Fair Play, 81, 84
Feedback, unmittelbares, 41
Feedbackschleife, 39
Fertigungsprozess, 76
Fließgleichgewicht, 10, 101
 Flow, 99
Flow-Kanal, 90, 91
Flow-Team, 9, 89, 93, 107
Fremdbild, 21
Frühindikator, 36
 Disziplin, 39
 Sicherheit, 39

G

Gefühlswechsel, 61
Geschäftsfeldfokus, 31
Gewinn, 36
Gewinnmarge, 78

B. Wördenweber et al., *Verhaltensorientiertes Innovationsmanagement,*
DOI 10.1007/978-3-642-23255-8, © Springer-Verlag Berlin Heidelberg 2012

Grundtakt im Unternehmen, 19
Gruppe, homogene, 60
Gruppenzwang, 65

H
Handlungsoption, 30
    maßgeschneidertes Portfolio, 79
    Priorisierung, 30
    Selektion, 30
    Suchfelder, 32
Hilflosigkeit, erlernte, 49, 50

I
Implementierungsrisiko, 81
Impuls(-Prinzip), 43, 59, 70, 92, 98
Innovation
    Aufmerksamkeit, 17
    Definition, 1
    eingeschränkter Einfluss, 51
    fehlender Einfluss, 50
    freie, 68
    Innovation Board, 19
    Innovation Cell, 10, 89, 96, 101
        Eigenschaften, 102
        für Ownership, 96
        Interaktionsmuster, 102
        Obeya, 104
        natürliche und künstliche Impulse, 68
    Prinzipien
        Impuls, 59
        innerer Kompass, 35
        Reframing, 48
        Rhythmus, 14
        Stellhebel, 27
    radikale, 103
        taktisches Vorgehen, 103
    widerspruchsorientierte, 70
Innovationskalender, 21
Innovationsmanagement
    objektorientiertes (OIM), 1, 107
    taktisches, 71
    verhaltensorientiertes, 1, 107
        Anwendung, 4
        Bedeutung, 2
        Einführung, 1
        Starthilfen, 107
        VIM-Monitor, 107
        Vorstellung der 5 Prinzipien, 7
    visuelles, 33
Innovationspraxis, 6
Innovationsprozess, 3
Innovationsvorschlag, 8
Inspiration Day, 20

J
Jahreszyklus, 19
Just-in-time-Logistik, 76

K
Kaizen, 47
Kernkompetenz, 33, 56
Komfortangst (Discomfort-Anxiety), 61, 67,
    80, 93
Kompass, innerer, 35, 98
    Bedeutung für Innovation, 41
    Definition, 38
    Indikatoren, 35
    Wirkung auf die Organisation, 47
    Wirkung auf Gruppen, 43
    Wirkung auf Individuen, 41
Konstruktionsmethodik, 104
Kostenführerschaft, 29
Kostenreduzierung, 28
Kreativitätstechnik, 70
Kundenspielfeld, 77

L
Latenzzeit, 38
Lean Production/Manufacturing, 3, 93
Leistungsgrenze konventioneller Teams, 96
Leistungsvermögen, 61
Logik, dominante, 60, 63
Logistikprozess, 76

M
Management
    operatives, 71, 73
    strategisches, 71, 73
    Subjektorientierung, 111
    taktisches, 8, 71, 109
Managementebene, 6
Managementphase, 6
Marketing-Portfolio, 32
Marketing-Szenario, 66
Medienwechsel, 69
Mensch als Ressource, 3
Monatszyklus, 21
Motivation, 49, 89
    Flow, 89
    intrinsische, 89, 90
Motivations-Portfolio, 109
Muda, 47

N
Navigationsstrang, 83, 84, 104
    Ressourceneffizienz, 84
Nemawashi, 110
Nucleus accumbens, 41

O

Obeya, funktionsübergreifende, 104
Organigramm, 23
Organisation
  Definition, 1
  dominante Logik, 60
  konforme, 63
  konformes und selbstverstärkendes Denken,
    60
Ownership, 10, 35, 76, 77, 96, 97, 101
  durch Selbstorganisation, 96

P

Passivität, 50
Perfektionismus, 16
Plan-Do-Check-Act (PDCA), 106
Portfolio, maßgeschneidertes, 79
Produktentwicklung, 94
Produktion, schlanke, siehe Lean Production
Projektabschlussparty, 100
Projektsteuerung, 18
Projektteam, 26
Prozessinnovation, 76
Psychologie, kognitive, 61

Q

Quälgeist-Monitor, 37
Qualitätsmanagement, 2
Qualitätsradar, 44
Quick Win, 58

R

Raum
  großer, 104
  innovationsfreier, 68
Reframing, 10, 48, 69, 80, 82, 98
  Bedeutung für Innovation, 52
  Definition, 52
Regeltermin, 23
Rhythmus, 14, 80, 82, 98
  als Infrastruktur, 27
  Bedeutung für Innovation, 17
  im Alltag, 15
  in der Musik, 14
  in der Natur, 14
  in Organisationen, 15
Risiko, 96
Routine, 16

S

Schlüsselperson, 105
Schlüsseltechnologie, 31
Selbstbild, 21
Selbstorganisation, 68, 98

Selbstverwirklichung, individuelle, 73
Sense of Direction, 43
Sicherheit, 39
  individuelle, 72
Spätindikator, 36
Spielfeld
  der Motivation, 49, 55, 57, 75
  taktisches, 75
Spin-off, 103
Stage-Gate-Prinzip, 3
Stakeholder, 28
Stellhebel, 27, 79
  Bedeutung für Innovation, 30
  Definition, 27
  kritische Erfolgsfaktoren, 28
Stichprobenverfahren, 46
Strategie, 74
  emergente, 85
Stundenzyklus, 25
Sweet-Spot, 53, 56, 83
System, limbisches, 16

T

Tageszyklus, 24
Taktik, 8, 74, 85
Technologie-Enabler, 53
Tipping Point, 47
Traum-Option, 83

U

Unterforderung, 61
Unternehmen, fraktales, 106
Unternehmensausrichtung, 77, 81, 85
Utilisation, 52

V

Verantwortung, 67
  konstruktive Angst, 65
Verhalten, konformes, 61
Versagensangst, 105
Visual Management, 40

W

Wahrnehmungszeit, 38
Walk the Ship, 25
Wettbewerbsvorteil, 4
Wochenzyklus, 23
Work Cell, 9, 89, 93, 95
  Effizienz, 95

Z

Zielvereinbarung, 64
Zwischenziel, 57